高等职业教育人工智能技术应用专业系列教材

人工智能概论

主　编　张　磊　谭智峰　王　聪
副主编　许新忠　孙梦梦

西安电子科技大学出版社

内容简介

本书以服务国家智能制造产业升级的需求、紧跟人工智能技术的发展趋势为出发点，将理论知识与实际案例相结合，阐述了人工智能的基本概念、发展历程、核心技术及应用领域，重点介绍了 Python 编程语言、机器学习、深度学习与计算机视觉以及语言智能，最后介绍了大数据、物联网、云计算等新一代信息技术与人工智能的融合。

本书可作为高等职业教育本科和专科的人工智能通识类教材，也可供感兴趣的读者自学。

图书在版编目（CIP）数据

人工智能概论 / 张磊，谭智峰，王聪主编. -- 西安 ：西安电子科技大学出版社，2024. 11. -- ISBN 978-7-5606-7500-8

Ⅰ. TP18

中国国家版本馆 CIP 数据核字第 2024KD4607 号

策　　划　黄薇谚
责任编辑　薛英英
出版发行　西安电子科技大学出版社（西安市太白南路 2 号）
电　　话　(029) 88202421　88201467　　邮　　编　710071
网　　址　www. xduph. com　　电子邮箱　xdupfxb001@163. com
经　　销　新华书店
印刷单位　陕西天意印务有限责任公司
版　　次　2024 年 11 月第 1 版　2024 年 11 月第 1 次印刷
开　　本　787 毫米×1092 毫米　1/16　印张 10. 5
字　　数　246 千字
定　　价　36. 00 元
ISBN 978-7-5606-7500-8
XDUP 7801001-1

前　言

人工智能技术快速崛起，已成为现代社会推动各行各业创新发展的核心动力。从智能家居、智能医疗、智能交通到金融服务，人工智能的应用正日益改变着我们的生活和工作方式。

科技的发展给人工智能领域带来了前所未有的发展机遇。我国政府高度重视人工智能产业的发展，并提出了一系列战略规划，旨在将人工智能打造成国家战略性新兴产业。在这一背景下，人工智能教育也得到了前所未有的关注。高职院校作为培养应用型人才的重要阵地，有必要开设人工智能相关课程，为社会培养出更多的技能型人工智能人才。为了适应人工智能发展的时代潮流，满足教学需求，我们精心编写了本书，希望为广大读者提供一部内容丰富、实用性强的人工智能教材。

本书贯彻落实党的二十大精神，坚持立德树人根本任务，将知识、能力和正确的价值观有机融合，以实现思政进课堂的育人目标。本书语言简洁明了，内容安排合理，结构清晰。无论是高职学生还是其他对人工智能技术感兴趣的读者，阅读本书都能有所收获。

本书共7章，内容可分为3个部分。第一部分包括第1～3章，介绍人工智能的发展、应用及Python编程语言，为人工智能应用打下基础。第二部分包括第4～6章，介绍机器学习的概念基础及部分算法、深度学习与计算机视觉及案例开发应用、语言智能及案例应用。第三部分为第7章，介绍新一代信息技术的概念、特点及与其他产业的融合。

本书由山东信息职业技术学院的张磊、谭智峰、王聪担任主编，参与本书编写的有浪潮、华为、东方信达、实在智能、上海弘玑等业界领先企业的专家，以及本校李斌、苗娟、张锋、孙灿、崔学鹏等多位优秀教师。这些教师具备丰富的教学经验，对人工智能技术的发展趋势有着深刻的理解和独到的见解，可以将前沿实用的知识精准地传递给读者。在此，我们向所有在本书的编写过程中提供帮助的同仁致以诚挚的感谢。同时，也向广大读者朋友们表达最深的感激，是你们的关注与支持，给予了我们不断前进的动力。本书提供了大量学习资源，读者可登录西安电子科技大学出版社官方网站(https://www.xduph.com/)查找及下载相关资料。

希望本书能够帮助读者了解人工智能技术，把握发展机遇，为我国人工智能产业的发展贡献自己的力量。

限于编者水平有限，加之时间仓促，书中难免存在疏漏和不妥之处，敬请广大读者批评指正。

编　者

2024年5月

目　　录

第 1 章　人工智能技术的发展 …………… 1
1.1　什么是人工智能 ………………………… 2
1.2　人工智能的发展历程 …………………… 2
1.2.1　人工智能的诞生 …………………… 2
1.2.2　人工智能的发展阶段 ……………… 3
1.2.3　我国人工智能的发展 ……………… 5
1.3　人工智能的现状与发展趋势 …………… 5
1.3.1　人工智能的现状 …………………… 6
1.3.2　人工智能的发展趋势 ……………… 7
1.3.3　我国人工智能的发展态势 ………… 9
1.3.4　关于人工智能的思考 ……………… 10
1.4　习题 ……………………………………… 11

第 2 章　人工智能技术应用 ……………… 12
2.1　人工智能的核心技术 …………………… 13
2.1.1　机器学习 …………………………… 13
2.1.2　知识图谱 …………………………… 14
2.1.3　自然语言处理 ……………………… 15
2.1.4　人机交互 …………………………… 16
2.1.5　计算机视觉 ………………………… 17
2.1.6　生物特征识别技术 ………………… 18
2.2　人工智能的应用领域 …………………… 19
2.3　AI+行业应用 …………………………… 20
2.3.1　AI 在汽车行业的应用 …………… 20
2.3.2　AI 在医疗行业的应用 …………… 21
2.3.3　AI 在金融行业的应用 …………… 22
2.3.4　AI 在消费品与零售行业的应用 … 23
2.4　习题 ……………………………………… 24

第 3 章　Python 编程基础 ………………… 26
3.1　开发语言与开发环境安装 ……………… 26
3.1.1　Python 简介 ……………………… 26
3.1.2　Anaconda 下载与安装 …………… 27
3.1.3　PyCharm 下载、安装及使用 ……… 32
3.2　Python 的重要概念 ……………………… 40
3.2.1　变量 ………………………………… 40
3.2.2　基本的输入/输出 ………………… 41
3.2.3　导入模块 …………………………… 42
3.3　Python 标准数据类型 …………………… 43
3.3.1　数字 ………………………………… 44
3.3.2　字符串 ……………………………… 45
3.3.3　列表 ………………………………… 48
3.3.4　元组 ………………………………… 51
3.3.5　字典 ………………………………… 53
3.3.6　集合 ………………………………… 55
3.4　Python 条件与循环 ……………………… 57
3.4.1　选择结构 …………………………… 57
3.4.2　循环结构 …………………………… 59
3.5　Python 函数 ……………………………… 62
3.5.1　函数的定义规则 …………………… 63
3.5.2　函数的调用 ………………………… 63
3.5.3　函数的参数 ………………………… 64
3.6　Python 类与模块 ………………………… 66
3.6.1　类与对象 …………………………… 66
3.6.2　类的公有成员和私有成员 ………… 67
3.6.3　类的构造方法 ……………………… 68
3.6.4　析构方法 …………………………… 69
3.6.5　模块 ………………………………… 69
3.7　习题 ……………………………………… 72

第 4 章　机器学习 ………………………… 73
4.1　机器学习的概念 ………………………… 73
4.1.1　人工智能与机器学习的关系 ……… 74
4.1.2　机器学习模型的原理 ……………… 75
4.1.3　机器学习模型的分类 ……………… 76
4.2　数据准备 ………………………………… 77
4.2.1　数据库 ……………………………… 77
4.2.2　数据集划分 ………………………… 78

4.2.3 数据标注 …… 79
4.3 模型评估 …… 80
4.3.1 泛化能力、欠拟合和过拟合 …… 80
4.3.2 k 折交叉验证 …… 81
4.3.3 分类问题的评价指标 …… 82
4.3.4 回归问题的评价指标 …… 83
4.4 机器学习算法 …… 83
4.4.1 线性回归 …… 83
4.4.2 KNN 算法 …… 86
4.4.3 决策树 …… 91
4.4.4 随机森林 …… 92
4.4.5 支持向量机 …… 94
4.4.6 K-means 聚类算法 …… 97
4.4.7 降维 …… 99
4.5 习题 …… 102

第 5 章 深度学习与计算机视觉 …… 104
5.1 计算机视觉的发展历程 …… 104
5.2 深度学习库 …… 107
5.2.1 PyTorch 深度学习库 …… 107
5.2.2 PaddlePaddle 深度学习库 …… 107
5.3 卷积神经网络 …… 108
5.3.1 卷积神经网络概述 …… 108
5.3.2 模型训练与预测 …… 122
5.4 常见的卷积神经网络模型 …… 124
5.5 图像预处理 …… 126
5.6 基于 CIFAR-10 数据集的图像分类 …… 128
5.7 基于百度 EasyDL 平台完成图像分类 …… 133
5.8 习题 …… 137

第 6 章 语言智能 …… 138
6.1 自然语言处理 …… 138
6.1.1 自然语言处理的层次 …… 138
6.1.2 自然语言处理的发展 …… 141
6.1.3 自然语言处理的技术范畴 …… 142
6.1.4 自然语言处理的应用场景 …… 145
6.1.5 自然语言处理的展望 …… 147
6.2 语音识别 …… 149
6.2.1 语音识别的发展历程 …… 149
6.2.2 语音识别系统的构成 …… 150
6.2.3 语音识别的应用场景 …… 153
6.2.4 语音识别案例 …… 154
6.3 习题 …… 155

第 7 章 新一代信息技术 …… 157
7.1 新一代信息技术的基本概念 …… 157
7.2 新一代信息技术的技术特点与典型应用 …… 158
7.3 新一代信息技术与其他产业融合 …… 160
7.4 习题 …… 161

参考文献 …… 162

第 1 章　人工智能技术的发展

党的二十大报告强调，要推动战略性新兴产业融合集群发展，构建新一代信息技术、人工智能、生物技术、新能源、新材料、高端装备、绿色环保等一批新的增长引擎。新一代信息技术的高速发展，不但为我国加快推进制造强国、网络强国和数字中国建设提供了坚实有力的支撑，而且将促进行业升级蝶变，成为推动我国经济高质量发展的新动能。

人工智能是新一代信息技术的重要领域之一。提到人工智能，很多人都会想到 GPT。GPT 是当前最火的人工智能技术之一，自推出以来就广受关注。

GPT 的诞生离不开谷歌在人工智能领域的努力和研究。2004 年，谷歌成立了人工智能实验室(现为谷歌 AI 实验室)，致力于人工智能技术的研究和开发。2014 年，谷歌推出了著名的“AlphaGo”，该系统在与人类围棋顶尖高手的比赛中，以 4∶0 取得胜利。

AlphaGo 在围棋界的胜利象征着人工智能在策略与智能决策领域的突破性进展。过去十年间，GPT 作为人工智能的璀璨明星，不仅在自然语言处理领域独占鳌头，还深刻影响了计算机视觉、机器人技术、智能推荐、机器学习及自动驾驶等多个领域，展现了其跨界融合的强大能力，如图 1-1 所示。GPT 技术作为人工智能领域的里程碑，正引领我们拥抱以智能化为核心的第四次工业革命，开启前所未有的创新纪元。

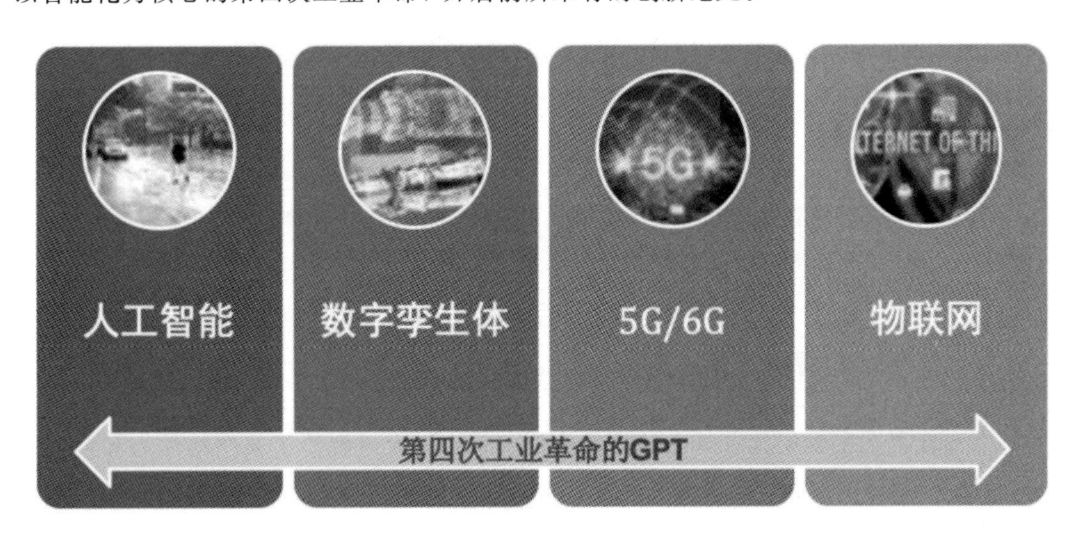

图 1-1　GPT 将引领我们拥抱第四次工业革命

1.1 什么是人工智能

人工智能的定义可以分为两部分，即“人工”和“智能”。“人工”比较好理解，争议也不大。“人工系统”就是通常意义下的人工系统。关于什么是“智能”，就涉及其他诸如意识(Consciousness)、自我(Self)、思维(Mind)(包括无意识的思维(Unconscious Mind))等问题。人唯一了解的智能是人本身的智能，这是普遍认同的观点。但是我们对自身智能的理解非常有限，对构成人的智能的必要元素也了解有限，所以就很难定义什么是“人工”制造的“智能”。人工智能的研究往往涉及对人的智能本身的研究。其他关于动物或其他人造系统的智能也普遍被认为是人工智能相关的研究课题。

近年来，人工智能在计算机领域内得到了愈加广泛的重视，并在经济政治决策、控制系统及仿真系统中得到应用。

尼尔斯·约翰·尼尔逊教授对人工智能下了这样一个定义：“人工智能是关于知识的学科——怎样表示知识以及怎样获得知识并使用知识的科学。”而美国麻省理工学院的温斯顿教授认为：“人工智能就是研究如何使计算机去做过去只有人才能做的智能工作。”这些说法反映了人工智能学科的基本思想和基本内容，即人工智能是研究、开发用于模拟、延伸和扩展人的智能的理论、方法、技术及应用系统的一门新的技术科学。

人工智能是计算机学科的一个分支，20世纪70年代以来被称为世界三大尖端技术(空间技术、能源技术、人工智能)之一，也被认为是21世纪三大尖端技术(基因工程、纳米科学、人工智能)之一。近三十年来，它获得了迅速的发展，在很多学科领域都得到了广泛应用，并取得了丰硕的成果。人工智能已逐步成为一个独立的学科分支，有自己的理论和实践体系。

人工智能是研究通过计算机来模拟人的某些思维过程和智能行为(如学习、推理、思考、规划等)的学科，主要包括研究计算机实现智能的原理、制造类似人脑智能的计算机，使计算机能实现更高层次的应用。人工智能涉及计算机科学、心理学、哲学和语言学等学科，其范围已远远超出了计算机科学的范畴。

1.2 人工智能的发展历程

1.2.1 人工智能的诞生

人工智能技术的发展具有革命性的历史意义，它极大地解放了人类的体力和智力劳动，使社会得以持续革新。1956年8月，在美国汉诺斯小镇的达特茅斯学院中，约翰·麦卡锡(John McCarthy，人工智能之父)、马文·明斯基(Marvin Minsky，人工智能与认知学专家)、克劳德·香农(Claude Shannon，信息论的创始人)、艾伦·纽厄尔(Allen Newell，计算机科学家)、赫伯特·西蒙(Herbert A. Simon，诺贝尔经济学奖获得者)等科学家正聚在一起，讨论着一个像“天方夜谭”的主题：用机器来模仿人类学习以及其他方面的智能

（如图 1－2 所示）。

图 1－2　1956 年达特茅斯会议标志着人工智能的诞生

达特茅斯会议足足开了两个月的时间，虽然大家没有达成共识，但是却为会议讨论的内容起了一个名字——人工智能。因此，1956 年也就成为人工智能元年。发起这次研讨会的人工智能学者约翰·麦卡锡和马文·明斯基，被誉为国际人工智能的“奠基者”或“创始人”（The Founding Father），有时也称他们为“人工智能之父”。

1.2.2　人工智能的发展阶段

人工智能的探索道路曲折起伏。如何描述人工智能自 1956 年以来近 70 年的发展历程，学术界可谓仁者见仁、智者见智。我们将人工智能的发展划分为以下 6 个阶段，如图 1－3 所示。

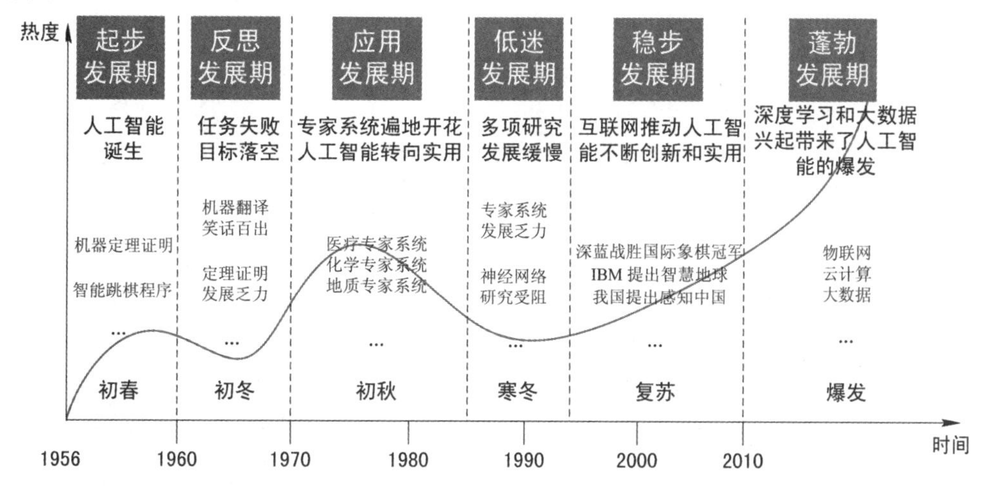

图 1－3　人工智能的发展阶段

1. 起步发展期(20世纪50年代)

人工智能概念首次提出后，相继出现了一批显著的成果，如机器定理证明、跳棋程序、通用问题求解程序、Lisp表处理语言等。但由于消解法的推理能力有限，以及机器翻译等的失败，人工智能走入了低谷。这一阶段的特点是：重视问题求解的方法，忽视知识的重要性。

2. 反思发展期(20世纪60年代—70年代初期)

人工智能发展初期的突破性进展大大提升了人们对人工智能的期望，人们开始尝试更具挑战性的任务，并提出了一些"不切实际"的研发目标。然而，接二连三的失败和预期目标的落空(例如，无法用机器证明两个连续函数之和还是连续函数、机器翻译闹出笑话等)使人工智能的发展走入低谷。

3. 应用发展期(20世纪70年代初期—80年代中期)

20世纪70年代出现的专家系统模拟人类专家的知识和经验解决特定领域的问题，实现了人工智能从理论研究走向实际应用、从一般推理策略探讨转向运用专门知识的重大突破。DENDRAL化学质谱分析系统、MYCIN疾病诊断和治疗系统、PROSPECTOR探矿系统、Hearsay-Ⅱ语音理解系统等专家系统的研究和开发，将人工智能引向了实用化。专家系统在医疗、化学、地质等领域取得的成功，推动了人工智能走入应用发展的新高潮。

4. 低迷发展期(20世纪80年代中期—90年代中期)

随着人工智能的应用规模不断扩大，专家系统存在的应用领域狭窄、缺乏常识性知识、知识获取困难、推理方法单一、缺乏分布式功能、难以与现有数据库兼容等问题逐渐暴露出来。

5. 稳步发展期(20世纪90年代中期—2010年)

网络技术特别是互联网技术的发展，加速了人工智能的创新研究，推动了人工智能技术进一步走向实用化。1997年，国际商业机器公司(简称IBM)的深蓝超级计算机战胜了国际象棋世界冠军卡斯帕罗夫(见图1-4)；2008年，IBM提出"智慧地球"的概念。以上都是这一时期的标志性事件。

图1-4 1997年深蓝超级计算机战胜国际象棋世界冠军卡斯帕罗夫

6. 蓬勃发展期(2011 年至今)

随着大数据、云计算、互联网、物联网等信息技术的发展，泛在感知数据和图形处理器等计算平台推动了以深度神经网络为代表的人工智能技术的飞速发展，使之跨越了科学与应用之间的“技术鸿沟”，诸如图像分类、语音识别、知识问答、人机对弈、无人驾驶等人工智能技术实现了从“不能用、不好用”到“可以用”的技术突破，迎来爆发式增长。2016 年谷歌人工智能围棋软件 AlphaGo 战胜围棋冠军李世石，2022 年 12 月 OpenAI 推出 ChatGPT，从此人工智能进入蓬勃发展的阶段。

1.2.3 我国人工智能的发展

我国人工智能的研究起步相对较晚。20 世纪 70 年代末，我国逐步开始人工智能的研究。我国人工智能的研究大致可分为起步期、稳步发展期和高速发展期三个阶段。

1. 起步期(20 世纪 70 年代—80 年代)

我国人工智能研究起步于 20 世纪 70 年代初，为推动自动化技术发展，1970 年中科院重建自动化研究所，率先涉足复杂系统智能集成、模式识别等诸多前沿领域。1981 年 9 月，中国人工智能学会(CAAI)在长沙成立，凝聚科研力量；次年，国内首份《人工智能学报》创刊，知识得以广泛交流。此后，1984 年全国智能计算机及其系统讨论会、1985 年首届第五代计算机研讨会相继召开，学术氛围浓厚。直至 1986 年，政府将智能机器人、智能计算机体系等列入 863 计划，开启应用转化新篇章，推动研究大步向前。

2. 稳步发展期(20 世纪 90 年代—2015 年)

1993 年，我国将智能自动化和智能控制等项目列入国家系统，我国的人工智能研究开始进入稳步发展阶段。这一阶段，学界对人工智能的研究主要集中于计算机专家系统、定理证明、机器人、机器人伦理等领域，并取得了一些研究成果，但是尚未形成完整的体系。

3. 高速发展期(2016 年至今)

2006 年，超级计算机“浪潮天梭”战胜了五名特级象棋大师，这是我国人工智能在人机博弈中取得的重要成果。2015 年，国务院颁布了《国务院关于积极推进“互联网＋”行动的指导意见》，在政府的支持下，服务机器人、智能医疗等智能产业快速兴起，一定程度上提高了人民的生活水平和生活质量。2016 年，随着 AlphaGo 战胜李世石，我国人工智能研究进入高潮期。

人工智能成为哲学、伦理学、医学、法学等多学科的研究对象，很多研究机构和高校也陆续跟进，开设了人工智能研究课程。经过几十年的发展，我国人工智能技术广泛应用于人们的日常生活，普及程度显著提高，人民的体力劳动和智力劳动得到一定程度的解放，智能控制多元化，智能开发呈现以尖端科学技术为主、以低端产品为辅的特点，社会正向人工智能数字化社会转型。

1.3 人工智能的现状与发展趋势

在了解了人工智能当前的发展状况后，我们不难发现，尽管社会上存在着诸多关于其

未来潜力的误解，但人工智能的确已在多个领域展现出变革性的力量，并日益成为社会发展的关键驱动力。同时，其带来的社会影响也引发了广泛的关注与讨论。正是基于这样的现状，我们有必要展望人工智能的未来发展趋势，以更加理性的视角审视人工智能对人类社会产生的影响。随着技术瓶颈的逐步突破和全球范围内对人工智能产业的持续投入，我们有理由相信，人工智能产业将迎来前所未有的繁荣，为全球经济注入新的活力，并深刻改变人类的生产、生活方式。

1.3.1 人工智能的现状

当下人工智能领域发展迅猛，一方面技术创新成果显著，新型深度学习算法使图像识别更精准，智能机器人操作更灵活，产业规模迅速扩张，多行业借此提质增效。另一方面，问题丛生，技术上存在数据隐私保护、算法偏见问题，产业应用里高端人才匮乏、部分企业盲目跟风。面对复杂局面，各方制定规划时须深入调研，准确把握现状，才能精准施策。

从可应用性看，人工智能可分为专用人工智能和通用人工智能。

专用人工智能已取得重要突破。面向特定任务(比如下围棋)的专用人工智能系统由于任务单一、需求明确、应用边界清晰、领域知识丰富、建模相对简单，在人工智能领域已经形成了单点突破，在局部智能水平的单项测试中可以超越人类智能。人工智能的近期进展主要集中在专用智能领域。例如，AlphaGo 在围棋比赛中战胜人类冠军；人工智能程序在大规模图像识别和人脸识别中达到了超越人类的水平；人工智能系统诊断皮肤癌达到专业医生水平；ChatGPT 更是在很多学科达到大学生的水平。

通用人工智能尚处于起步阶段。人的大脑是一个通用的智能系统，能举一反三、融会贯通，可处理视觉、听觉、判断、推理、学习、思考、规划、设计等各类问题。真正意义上完备的人工智能系统应该是一个通用的智能系统。目前，通用人工智能领域的研究与应用仍然任重而道远，人工智能总体发展水平仍处于起步阶段。当前的人工智能系统在信息感知、机器学习等“浅层智能”方面进步显著，但是在概念抽象和推理决策等“深层智能”方面的能力还很薄弱。

总体上看，目前的人工智能系统可谓有智能没智慧、有智商没情商、会计算不会“算计”、有专才而无通才。因此，人工智能仍存在明显的局限性，有很多“不能”，与人类智慧还相差甚远。

人工智能创新创业如火如荼。全球产业界充分认识到人工智能技术引领新一轮产业变革的重大意义，纷纷调整发展战略。例如，谷歌在 2022 年年度开发者大会上，再度强调发展战略已彻底从“移动优先”转变为“人工智能优先”，全方位投入资源攻坚；微软于 2022 财年年报中，同样重磅突出人工智能作为公司核心驱动力的愿景，不惜重金布局。当下，人工智能无疑站在创新创业的潮头浪尖。有研究机构的数据显示，2022 年全球人工智能收入达到 4328 亿美元。

创新生态布局成为人工智能产业发展的战略高地。信息技术和产业的发展史，就是新老信息产业巨头抢滩布局信息产业创新生态的更替史。例如，传统信息产业代表企业有微软、英特尔、IBM、甲骨文等，互联网和移动互联网时代信息产业代表企业有谷歌、苹果、亚马逊、阿里巴巴、腾讯、百度等。人工智能创新生态包括纵向的数据平台、开源算法、计

算芯片、基础软件、图形处理器等技术生态系统和横向的智能制造、智能医疗、智能安防、智能零售、智能家居等商业和应用生态系统。目前，智能科技时代的信息产业格局还没有形成垄断，因此全球科技产业巨头都在积极推动人工智能技术生态的研发布局，全力抢占人工智能相关产业的制高点。

人工智能的社会影响日益凸显。一方面，人工智能作为新一轮科技革命和产业变革的核心力量，正在推动传统产业升级换代，驱动"无人经济"快速发展，从而在智能交通、智能家居、智能医疗等民生领域产生积极影响，最终与人类社会和谐共生，如图1-5所示。另一方面，个人信息和隐私保护、人工智能创作内容的知识产权、人工智能系统可能存在的歧视和偏见、无人驾驶系统的交通法规、脑机接口和人机共生的科技伦理等问题已经显现出来，需要进行研究并提供解决方案。

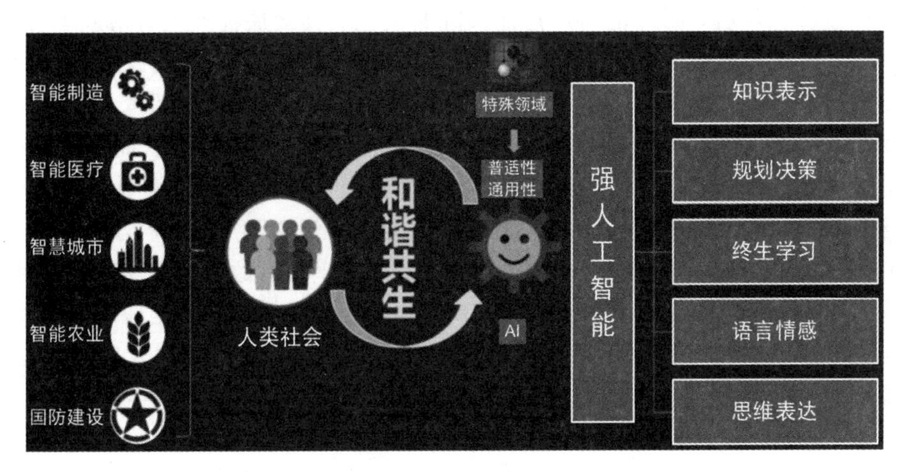

图1-5　人工智能与人类社会可以和谐共生

1.3.2　人工智能的发展趋势

经过60多年的发展，人工智能在算法、算力(计算能力)和算料(数据)"三算"方面取得了重要突破，正处于从"不能用"到"可以用"的技术拐点，但是距离"很好用"还有诸多瓶颈。那么在可以预见的未来，人工智能的发展将会出现怎样的趋势与特征呢?

(1) 人工智能将从专用智能向通用智能发展。如何实现从专用人工智能向通用人工智能的跨越式发展，既是下一代人工智能发展的必然趋势，也是研究与应用领域的重大挑战。德勤在《2025年技术趋势》报告中指出，未来人工智能将成为我们生活中的核心组成部分，届时人工智能的存在将不再引起特别关注，而是被视为理所当然。数据显示，全球及中国市场对通用人工智能的研究和应用正迎来快速发展期，这预示着人工智能技术将在未来发挥更加广泛和深入的作用。

(2) 人工智能将从人工智能向人机混合智能发展。借鉴脑科学和认知科学的研究成果是人工智能的一个重要研究方向。人机混合智能旨在将人的作用或认知模型引入人工智能系统中，提升人工智能系统的性能，使人工智能成为人类智能的自然延伸和拓展，从而通过人机协同更加高效地解决复杂问题。在我国新一代人工智能规划和美国的脑计划中，人

机混合智能都是重要的研发方向。

(3) 人工智能将从“人工＋智能”向自主智能系统发展。当前人工智能领域的大量研究集中在深度学习，但是深度学习的局限是需要大量人工干预，比如人工设计深度神经网络模型、人工设定应用场景、人工采集和标注大量训练数据、用户需要人工适配智能系统等，非常费时费力。因此，科研人员开始关注减少人工干预的自主智能方法，提高机器智能对环境的自主学习能力。例如，阿尔法狗系统的后续版本阿尔法元从零开始，经自我对弈强化学习达成围棋、国际象棋、日本将棋的“通用棋类人工智能”。而在自然语言处理领域，GPT 等大语言模型的出现及发展也体现了这一趋势，例如，GPT-4 可自动生成高质量文本内容，包括文章、故事、对话等，减少了人工创作的时间和精力。

(4) 人工智能将加速与其他学科领域交叉渗透。人工智能是一门综合性的前沿学科和高度交叉的复合型学科，研究范畴广泛而又非常复杂，其发展需要与计算机科学、数学、认知科学、神经科学和社会科学等学科深度融合。随着超分辨率光学成像、光遗传学调控、透明脑、体细胞克隆等技术的突破，脑与认知科学的发展开启了新时代，能够大规模、更精细地解析智力的神经环路基础和机制，人工智能将进入生物启发的智能阶段，依赖生物学、脑科学、生命科学和心理学等学科的发现，将机理变为可计算的模型，同时人工智能也会促进脑科学、认知科学、生命科学甚至化学、物理、天文学等传统科学的发展。

(5) 人工智能产业正迎来飞速发展的新纪元。得益于技术的持续进步和政府与产业界的不断投入，人工智能的云端应用正迅速扩展，预计在未来十年内，全球人工智能产业将实现迅猛增长。最新数据显示，2024 年，全球人工智能市场规模预计达 35 137 亿元人民币，中国的市场则预计达到 4015 亿元人民币，凸显了中国在人工智能领域的强劲发展势头和政策支持、技术创新及市场需求的三重驱动力。

(6) 人工智能技术正成为推动社会进步的关键力量，引领我们步入一个全新的普惠型智能社会。“人工智能＋X”的模式预示着技术和产业的深度融合，会对生产力和产业结构带来深刻的变革。随着消费需求和行业应用的不断扩大，人工智能技术有望打破感知、交互和决策的局限，与各行各业紧密结合，创造出一系列具有标志性的应用场景，实现智能社会低成本、高效益、广泛覆盖的目标。

(7) 在国际舞台上，人工智能已成为国家间竞争的新焦点。欧盟和日本等组织和国家通过巨额投资和战略规划，展现了在全球人工智能领域争先的决心。同时，军事领域对智能化武器和装备的追求也日益明显，美国和俄罗斯等国家正利用人工智能技术来巩固其军事优势，预示着未来战争形态的转变。

(8) 人工智能的社会学研究也越来越受到重视。为了确保人工智能的健康发展，并让其成果广泛惠及社会，必须从社会学视角深入探讨人工智能对人类社会的影响。2017 年，联合国犯罪和司法研究所在海牙成立了联合国人工智能和机器人中心，致力于规范和引导人工智能的发展方向。美国白宫也积极举办相关研讨会，而产业界如特斯拉和 OpenAI 等企业的成立，更是体现了促进人工智能友好发展、造福全人类的决心和行动。

随着人工智能技术的不断成熟和应用领域的不断拓宽，一个智能化、高效化、普惠化的社会正逐渐成为现实。未来，人工智能将继续作为推动全球经济和社会发展的强大引擎，展现出无限的潜力和广阔的应用前景。

1.3.3 我国人工智能的发展态势

当前，我国人工智能发展的总体态势良好。但是我们也要清醒地看到，我国人工智能发展的部分领域存在过热和泡沫化风险，特别在基础研究、技术体系、应用生态、创新人才、法律规范等方面仍然存在不少值得重视的问题。总体而言，我国人工智能发展现状可以用“高度重视，态势喜人，差距不小，前景向好”来概括。

1. 高度重视

党的二十大报告强调，“推动战略性新兴产业融合集群发展，构建新一代信息技术、人工智能、生物技术、新能源、新材料、高端装备、绿色环保等一批新的增长引擎”。当前，人工智能日益成为引领新一轮科技革命和产业变革的核心技术，在制造、金融、教育、医疗和交通等领域的应用场景不断落地，极大改变了既有的生产生活方式。作为世界第二大经济体，我国拥有数以亿计的互联网用户以及海量的大数据资源，这种大国经济特征为深化人工智能应用、加快产业智能化发展提供了丰富的数据支持和广阔的应用场景。我国门类齐全、体系完整和规模庞大的产业体系，更是为产业智能化向广度和深度发展奠定了坚实基础。展望未来，人工智能技术引领的新一轮科技革命和产业变革浪潮，将成为未来世界经济和高端制造的主导技术，更会对中国现代化产业体系建设发挥无可替代的作用。

2. 态势喜人

中国人工智能产业正在迅速崛起，成为全球投融资规模的领头羊。目前，我国人工智能核心产业规模已达到 5000 亿，企业数量超过 4400 家，位居全球第二。在人脸识别、语音识别、安防监控等关键应用领域，中国企业已跻身国际先进行列。学术研究方面，中国发表的人工智能论文数量位居世界第一，同时，顶尖高校如清华大学、北京大学、中国科学院大学等纷纷成立人工智能学院，进一步推动了教育和科研的发展。此外，中国人工智能大会自 2015 年起已连续举办多届，规模不断扩大，体现了国内在该领域的创新创业和科研活动的活跃度。投、融资活动也显示出强劲的增长势头，2021 年达到 4761 亿元的峰值，2023 年仍保持 2631 亿元的高水平。整体来看，中国在人工智能领域的发展充满活力，技术创新和产业应用均取得了显著成就。

3. 差距不小

近年来，我国在人工智能领域成绩斐然，技术商业化应用广泛，产业规模庞大，尤其在城市管理、金融零售等领域成效显著，但在前沿理论创新与基础研究方面仍显滞后，与全球顶尖水平存在差距。顶尖人才数量和质量不足，科研生态尚待完善，技术生态构建与标准规范制定亦需加强。为缩小差距，我国应加大投入，强化基础研究，培养顶尖人才，构建开放协同的科研生态，同时加快制定与国际接轨的标准规范体系。此外，推动技术创新与应用落地，形成自主知识产权的核心技术，也是关键之举。展望未来，我国人工智能领域有望实现更大突破，为全球科技进步贡献中国力量。

4. 前景向好

中国人工智能发展得益于市场规模庞大、应用场景多样、数据资源丰富、人才储备充足、智能手机普及率高、资金投入强劲以及国家政策的大力支持，展现出巨大的发展潜力。

埃森哲的深度报告预测，到 2035 年，人工智能将显著提升中国的劳动生产率，增幅可能超过 27%，成为经济增长的重要推动力。根据《新一代人工智能发展规划》升级版，中国提出了到 2030 年人工智能核心产业规模超过 1 万亿元的目标，并预计将带动相关产业规模达到 10 万亿元以上，深刻影响多个经济领域。随着“智能红利”的释放，中国正构建以人工智能为驱动的新增长模式，应对传统人口红利减少的挑战，为经济可持续发展提供新动力，开启智能、高效、繁荣的未来。

1.3.4 关于人工智能的思考

当前是我国加强人工智能布局、收获人工智能红利、引领智能时代的重大历史机遇期，如何在人工智能蓬勃发展的浪潮中选择好中国路径、抢抓中国机遇、展现中国智慧等，需要深入思考。

1. 树立理性务实的发展理念

任何事物的发展不可能一直处于高位，有高潮必有低谷，这是客观规律。实现机器在任意现实环境的自主智能和通用智能，仍然需要中长期理论和技术积累，而人工智能对工业、交通、医疗等传统领域的渗透和融合是个长期过程，很难一蹴而就。因此，发展人工智能要充分考虑到人工智能技术的局限性，充分认识到人工智能重塑传统产业的长期性和艰巨性，理性分析人工智能发展需求，理性设定人工智能发展目标，理性选择人工智能发展路径，务实推进人工智能发展举措，只有这样才能确保人工智能健康可持续发展。

2. 重视固本强基的原创研究

人工智能前沿基础理论是人工智能技术突破、行业革新、产业化推进的基石。面临发展的临界点，要想取得最终的话语权，必须在人工智能基础理论和前沿技术方面取得重大突破。我们要按照习近平总书记提出的“支持科学家勇闯人工智能科技前沿的‘无人区’”的要求，努力在人工智能发展方向和理论、方法、工具、系统等方面取得变革性、颠覆性突破，形成具有国际影响力的人工智能原创理论体系，为构建我国自主可控的人工智能技术创新生态提供领先跨越的理论支撑。

3. 构建自主可控的创新生态

我国人工智能开源社区和技术创新生态布局相对滞后，技术平台建设力度有待加强。我们要以问题为导向，主攻关键核心技术，加快建立新一代人工智能关键共性技术体系，全面增强人工智能科技创新能力，确保人工智能关键核心技术牢牢掌握在自己手里。要着力防范人工智能时代“空心化”风险，系统布局并重点发展人工智能领域的“新核高基”：“新”指新型开放创新生态，如产学研融合等；“核”指核心关键技术与器件，如先进机器学习技术、鲁棒模式识别技术、低功耗智能计算芯片等；“高”指高端综合应用系统与平台，如机器学习软硬件平台、大型数据平台等；“基”指具有重大原创意义和技术带动性的基础理论与方法，如脑机接口、类脑智能等。同时，我们要重视人工智能技术标准的建设、产品性能与系统安全的测试。特别是我国在人工智能技术应用方面走在世界前列，在人工智能国际标准制定方面应当掌握话语权，并通过实施标准加速人工智能驱动经济社会转型升级的进程。

4. 推动共担共享的全球治理

目前看，发达国家通过人工智能技术创新掌控了产业链上游资源，难以逾越的技术鸿沟和产业壁垒有可能进一步拉大发达国家和发展中国家的生产力发展水平差距。在发展中国家中，我国有望成为全球人工智能竞争中的领跑者，应构建开放共享、质优价廉、普惠全球的人工智能技术和应用平台并进行合理布局，配合“一带一路”建设，让“智能红利”助推共建人类命运共同体。

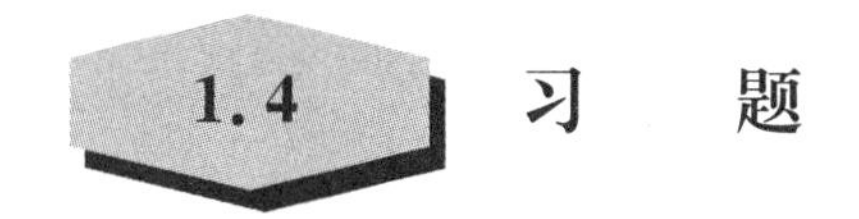

1.4 习　题

1. 填空题

(1) 经过 60 多年的发展，人工智能在(　　　　)、(　　　　)和(　　　　　)三方面取得了重要突破。

(2) 2016 年人工智能机器人(　　　　　　　　)战胜了世界冠军李世石。

(3) (　　　　　　　)又称 Neural Chart Generation，是一种基于人工智能技术的能自动生成图表的工具。

(4) (　　　　　　　)标志着人工智能的诞生，(　　　　)年被认为是人工智能元年。

2. 思考题

(1) 什么是人工智能？它与人类社会的关系是怎样的？

(2) 什么是大模型？你知道的大模型有哪些？

第2章　人工智能技术应用

人类进入工业社会后，共完整地经历了三次工业革命。第一次工业革命即蒸汽革命，始于1765年，标志性事件是“珍妮纺织机”。第二次工业革命即电气革命，于1866年开始，典型代表是“西门子发电机”。第三次工业革命即信息革命，于1957年展开，里程碑是“苏联人造卫星”。而第四次工业革命，自2013年以来，被称为智能革命，标志性事件是“汉诺威工业博览会”。目前，我们正处于第四次工业革命的初期。前三次工业革命都以人类作为劳动力的主要角色，但第四次工业革命带来一个重大变化。这一次，AI将成为类人的生产工作者，无需人类干预，通过自我学习和自我发展，创造价值和GDP。AI将实现非人类创造价值的新现象，打破过去依赖人类劳动的格局。四次工业革命示意如图2-1所示。

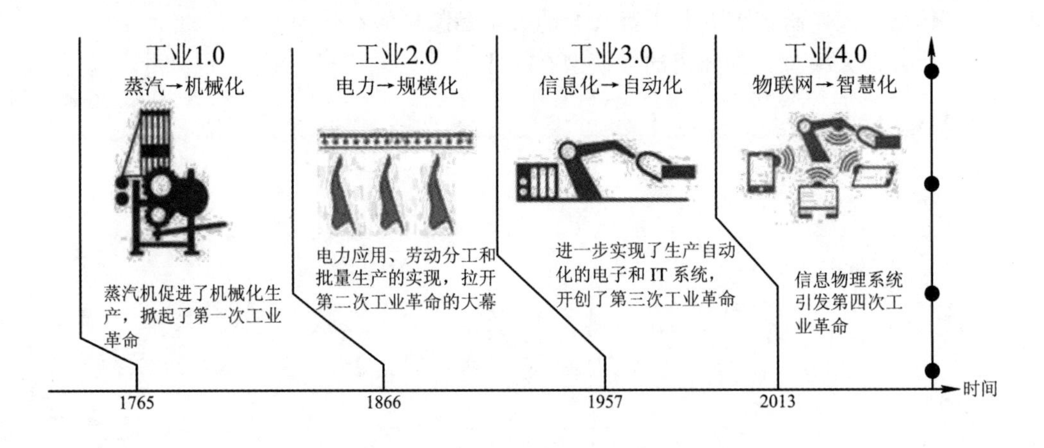

图2-1　四次工业革命示意

人工智能是一项颠覆性技术，正在对生产方式、生活方式和思维方式产生深远影响。第四次工业革命将推动AI在各个领域的广泛应用，引发深刻的社会和经济变革，创造新的生产方式和价值观念。在过去的几十年里，人工智能(AI)技术取得了巨大的进步，逐渐成为我们日常生活和各个行业的一部分。无论是在自动驾驶汽车、医疗诊断、金融风险管理还是零售业务中，人工智能都展示了巨大的潜力。本章将深入探讨人工智能的核心技术和应用领域以及一些行业中的经典案例。

2.1 人工智能的核心技术

2.1.1 机器学习

机器学习(Machine Learning, ML)是人工智能的一个核心子领域，它使计算机系统能够通过经验自动改进性能。它不依赖于明确编程，而是通过数据和算法让机器从数据中学习模式和规律。机器学习涵盖了一系列技术，包括但不限于监督学习、无监督学习和强化学习。这些技术广泛应用于图像识别、语音识别、自然语言处理、推荐系统、预测分析等领域，是现代智能系统不可或缺的一部分。随着技术的发展，机器学习正不断拓宽人工智能的边界，为各行各业带来创新和变革。按照训练样本提供的信息以及反馈方式的不同，机器学习算法分为监督学习、无监督学习和强化学习，如图 2-2 所示。

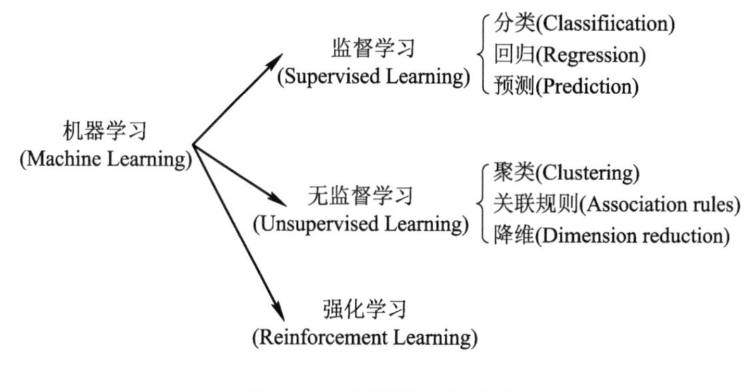

图 2-2　机器学习的分类

1. 监督学习(Supervised Learning)

监督学习中的数据集是有标签的，即对于给出的样本我们是知道答案的。根据标签类型的不同，又可以将数据集分为分类问题和回归问题两类。前者是预测某一样东西所属的类别(离散的)，比如给定一个人的身高、年龄、体重等信息，然后判断性别、是否健康等；后者则是预测某一样本所对应的实数输出(连续的)，比如预测某一地区人的平均身高。我们学到的大部分模型属于监督学习，包括线性分类器、支持向量机等。常见的监督学习算法有 K-近邻算法(K-Nearest Neighbors, KNN)、决策树(Decision Tree)、朴素贝叶斯分类法(Naive Bayesian Classification)等。

2. 无监督学习(Unsupervised Learning)

跟监督学习相反，无监督学习中的数据集是完全没有标签的，依据相似样本在数据空间中一般距离较近这一假设，将样本分类。常见的无监督学习算法包括稀疏自编码(Sparse Autoencoder)、主成分分析(Principal Component Analysis, PCA)、*K* 均值算法(*K*-Means 算法)、DBSCAN 算法(Density-Based Spatial Clustering of Applications with Noise)、最大期望算法(Expectation Maximization algorithm, EM)等。利用无监督学习可以进行关联分析、聚类和维度约减。关联分析用于发现不同事件同时出现的概率。聚类用于将相似的样本划分为一个簇(cluster)。维度约减可以在减少数据维度的同时保证不丢失有意义的信息。

3. 强化学习(Reinforcement Learning)

强化学习中的模型通过与环境互动来学习最佳行为策略，通过尝试不同的行动来获得奖励，并试图最大化累积奖励。强化学习常用于解决决策问题，如自动驾驶和游戏玩法。

机器学习的基本工作流程包括以下七个步骤。

(1) 数据收集。收集用于训练和测试的数据。数据可以是结构化数据(如表格数据)或非结构化数据(如文本、图像、音频等)。

(2) 数据预处理。在数据进入模型之前，需要对其进行清洗和预处理，包括处理缺失值、去除噪声、归一化数据等操作。

(3) 特征工程。选择和构建用于训练模型的特征。好的特征可以显著影响模型的性能。

(4) 模型选择。根据任务的性质选择适合的机器学习算法或模型。不同的任务可能需要不同类型的模型，如决策树、神经网络、支持向量机等。

(5) 模型训练。在选择了模型后，使用训练数据对模型进行训练。模型会尝试找到输入数据与输出标签之间的关联。

(6) 模型评估。使用测试数据集来评估模型的性能。通常使用各种指标，如准确度、精确度、召回率、F_1 值等来评估模型。

(7) 模型部署。一旦模型被训练和评估，就可以部署到实际应用中，以进行新数据的预测或分类。

2.1.2 知识图谱

知识图谱是一种将实体、关系和属性等知识以图形化的形式表示出来的知识库。它通过将知识以结构化的方式表示出来，使计算机可以更好地理解和处理人类语言。知识图谱通常是一个大型的、半结构化的、面向主题的、多模态的知识库，其中包含了各种实体、关系和属性等信息，这些信息通过一系列的算法和模型进行处理和推理，使计算机能够自动地从中获取、推理和生成新的知识。知识图谱通常由三个组成部分构成，分别是实体、关系和属性。

1. 实体(Entity)

实体是知识图谱中最基本的组成部分，它可以是具体的物体、抽象的概念、事件或者人、地点、组织等。每个实体都有一个唯一的标识符(ID)，用于在知识图谱中进行唯一标识和索引。

2. 关系(Relation)

关系是实体之间的相互作用或者联系，它可以是两个实体之间的关联性、依存性、从属性或者其他类型的关系。每个关系都有一个唯一的标识符(ID)，用于在知识图谱中进行唯一标识和索引。

3. 属性(Attribute)

属性是实体和关系的特征或者描述，它可以包括实体的名称、定义、类型、分类、标签等等，也可以包括关系的方向、权重、强度、类型等。每个属性也都有一个唯一的标识符(ID)，用于在知识图谱中进行唯一标识和索引。

知识图谱的构建是一个相对复杂的过程，它需要从各种来源获取、整合和加工大量的数据，包括结构化数据、半结构化数据和非结构化数据等。通常，知识图谱的构建可以分为以下几个步骤：

(1) 数据收集：从各种数据源(如数据库、网页、文本等)中收集大量的数据，包括实体、关系和属性等信息。

(2) 数据清洗：对收集到的数据进行清洗和预处理，即去除重复数据、格式化数据、统一数据等。

(3) 实体抽取：从文本中抽取实体，并对实体进行分类和标注。

(4) 关系抽取：从文本中抽取实体之间的关系，并对关系进行分类和标注。

(5) 属性抽取：从文本中抽取实体和关系的属性，并对属性进行分类和标注。

(6) 数据建模：将抽取到的实体、关系和属性等信息转化为图形化的知识图谱模型。

(7) 知识推理：通过算法和模型对知识图谱进行推理和生成新的知识。

知识图谱是人工智能技术中的重要组成部分，它可以帮助计算机更好地理解和处理人类语言，从而实现更智能化的应用。随着人工智能技术的不断发展，知识图谱的应用范围也将越来越广泛。某公司客户分析知识图谱如图 2-3 所示。

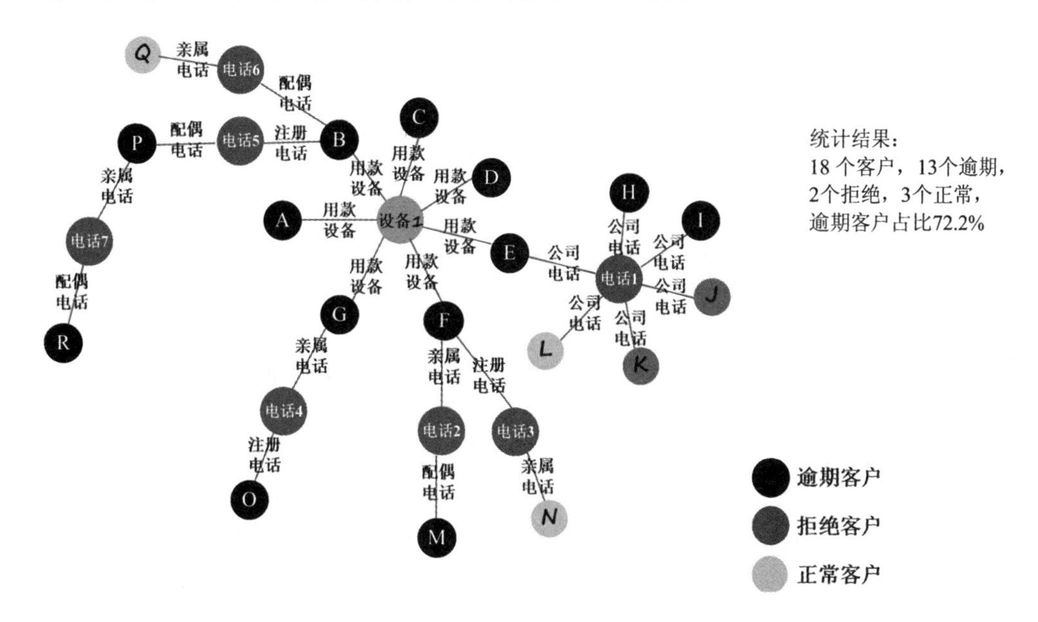

图 2-3　某公司客户分析知识图谱

2.1.3 自然语言处理

自然语言处理(Natural Language Processing，NLP)是计算机科学和人工智能领域的一个重要方向。它主要研究人与计算机之间，使用自然语言进行有效通信的各种理论和方法。简单来说，NLP是指计算机以用户的自然语言数据作为输入，在其内部通过定义的算法进行加工、计算等系列操作后(用以模拟人类对自然语言的理解)，再返回用户所期望的结果。

自然语言处理是一门融合语言学、计算机科学和数学于一体的科学。它不局限于研究语言学，还研究能高效实现自然语言理解和自然语言生成的计算机系统，特别是其中的软件系统，因此它是计算机科学的一部分。

自然语言处理技术的研究也在日新月异地变化，每年投向自然语言处理领域的顶级会议ACL(Annual Meeting of the Association for Computational Linguistics，计算语言学年会)的论文数成倍增长，自然语言处理的应用效果被不断刷新，有趣的任务和算法更是层出不穷。自然语言处理的步骤如图2-4所示。

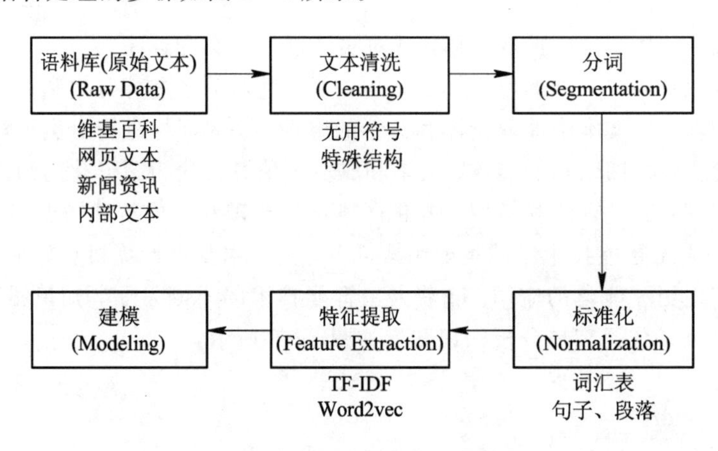

图2-4 自然语言处理的步骤

2.1.4 人机交互

人机交互(Human-Computer Interaction，HCI)是关于设计、评价和实现供人们使用的交互式计算机系统，且围绕这些方面的主要现象进行研究的科学。狭义来讲，人机交互技术主要研究人与计算机之间的信息交换，它主要包括人到计算机和计算机到人的信息交换。人们可以借助键盘、鼠标、操纵杆、数据服装、眼动跟踪器、位置跟踪器、数据手套、压力笔等设备，用手、脚、声音、姿势或身体的动作、眼睛甚至脑电波等向计算机传递信息；同时，计算机通过打印机、绘图仪、显示器、音箱等输出或显示设备给人提供信息。

人机交互与计算机科学、人机工程学、多媒体技术和虚拟现实技术、心理学、认知科学和社会学等诸多学科有密切的联系。其中，认知科学与人机工程学是人机交互技术的理论基础，而多媒体技术和虚拟现实技术与人机交互技术相互交叉和渗透。作为信息技术的一个重要组成部分，人机交互将继续对信息技术的发展产生巨大的影响。人机交互技术的发展如图2-5所示。

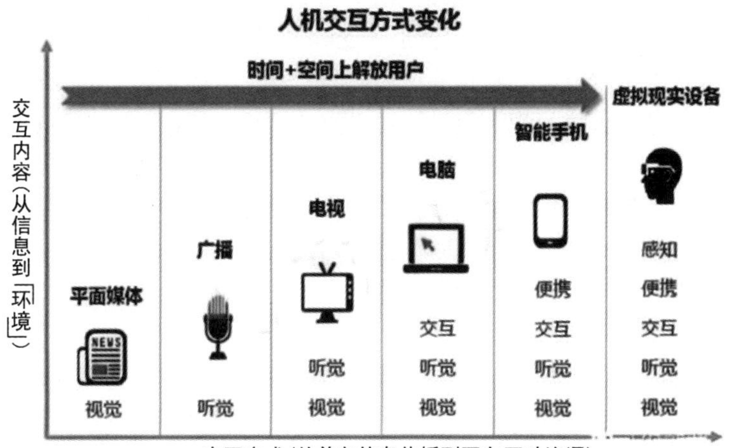

图 2-5 人机交互技术的发展

2.1.5 计算机视觉

计算机视觉作为一门前沿技术，旨在利用成像系统模拟人类视觉器官，由计算机模拟大脑功能，对输入信息进行处理与解析。其终极目标是赋予计算机以类似人类的视觉观察与理解能力，使之能自主适应复杂环境。这一宏伟愿景需长期探索与实践。当前阶段，中期目标聚焦于构建一种智能视觉系统，该系统能在一定程度上依赖视觉感知与反馈机制，执行特定任务。以自主车辆视觉导航为例，该导航技术虽不及人类对环境的全面识别与理解水平，但已实现能在高速公路上追踪道路、避免碰撞的视觉辅助驾驶系统。重要的是，计算机视觉不必拘泥于人类视觉的处理方式，而应充分发挥计算机系统的独特优势，可根据用户提供的图片输出对应的文字解释，如图 2-6 所示。

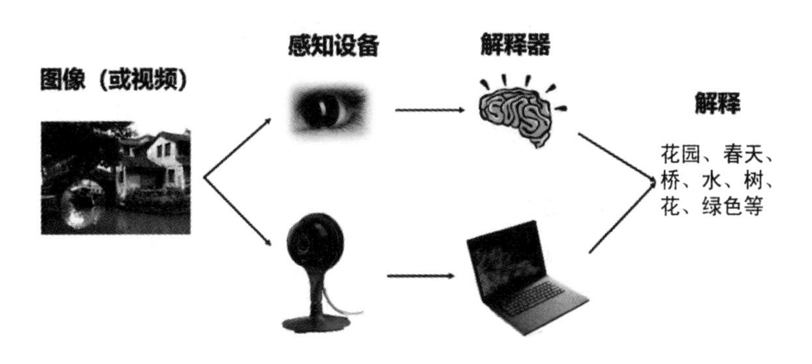

图 2-6 计算机视觉“看图说话”

计算机视觉系统的架构设计与其应用场景紧密关联。它们或独立运行，应对具体测量与检测挑战；或作为大型系统的一部分，如机械控制、数据库管理、人机交互等，协同作业。其实现路径可依据功能需求灵活调整，可以是预设固定流程，也可以是动态学习优化。各类计算机视觉系统中普遍存在以下核心功能。

(1) 图像捕获。图像捕获是通过多样化的图像感知设备(如光敏摄像机、遥感装置、X光机、雷达、声呐等)捕获数字图像。图像形式涵盖二维、三维乃至图像序列，其像素值反映光谱强度、声波、电磁波等物理特性。

(2) 预处理。为确保后续处理效果，常对图像进行预处理，如校正坐标、平滑去噪、增强对比度、调整尺度空间等，以适应不同视觉任务的需求。

(3) 特征提取。从图像中抽取出多样化的特征信息，包括简单的线条、边缘，复杂的特征点(如边角、斑点)及与纹理、形状、运动相关的特征。

(4) 检测与分割。检测与分割是指对图像进行精细划分，提取出对后续处理有价值的部分，如特定目标区域的筛选与分割。

(5) 高级处理。高级处理是指在图像分割的基础上，进行更深层次的分析，如验证数据有效性、估算目标参数(姿态、体积)、实施目标分类及理解图像内容等。这一过程不仅是对图像内容的深度解析，更是计算机视觉技术迈向智能化的关键步骤。

2.1.6 生物特征识别技术

生物特征识别技术(Biometric Identification Technology)是利用人体生物特征进行身份认证的一种技术，如图 2-7 所示。更具体一点，生物特征识别技术是通过将计算机与光学、声学、生物传感器和生物统计学原理等密切结合，利用人体固有的生理特性和行为特征来进行个人身份鉴定的技术。

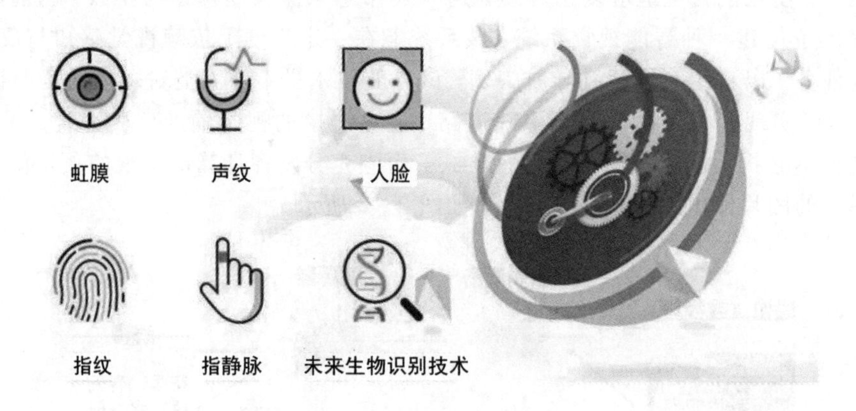

图 2-7 生物特征识别技术

生物特征识别系统是对生物特征进行取样，提取其唯一的特征并将其转化成数字代码，并进一步将这些代码组合而成的特征模板。人们同识别系统交互进行身份认证时，识别系统获取其特征并与数据库中的特征模板进行比对，以确定是否匹配，从而决定接受或拒绝。

在目前的研究与应用领域中，生物特征识别主要涉及计算机视觉、图像处理与模式识别、计算机听觉、语音处理、多传感器技术、虚拟现实、计算机图形学、可视化技术、计算机辅助设计、智能机器人感知系统等其他相关的研究。已被用于生物特征识别的生物特征有手形、指纹、脸形、虹膜、视网膜、脉搏、耳廓等，行为特征有签字、声音、按键力度等。基于这些特征，生物特征识别技术在过去的几年中已取得了长足的进展。

2.2　人工智能的应用领域

人工智能(AI)的应用领域非常广泛，它正在深入经济社会发展的各个角落。以下是人工智能在不同领域的一些主要应用。

1. 制造业

(1) 自动化生产线。AI 可以控制机器人执行重复性的组装工作，提高生产效率。

(2) 质量检测。AI 可以通过图像识别技术自动检测产品缺陷。

(3) 预测性维护。AI 可以分析机器的运行数据，预测可能出现的故障，从而提前进行维护。

2. 数据分析

(1) 数据挖掘。AI 可以从大量数据中找出有价值的信息，用于市场分析、用户行为预测等。

(2) 机器学习。AI 可以通过学习历史数据，建立模型进行预测，如股票市场预测、天气预测等。

3. 客户服务

(1) 聊天机器人。AI 驱动的聊天机器人可以 24×7，即每天 24 h、每周 7 天为客户提供服务，解答常见问题。

(2) 情感分析。AI 可以分析客户的言论和反馈，了解客户的情绪和需求。

4. 医疗健康

(1) 辅助诊断。AI 可以通过分析医学影像，辅助医生进行诊断。

(2) 个性化治疗。AI 可以根据患者的基因和病历，提供个性化的治疗方案。

(3) 药物研发。AI 可以加速新药的发现和开发过程。

5. 金融行业

(1) 风险管理。AI 可以通过分析历史数据，预测潜在的风险。

(2) 欺诈检测。AI 可以实时监控交易行为，识别并防止欺诈行为。

(3) 投资决策。AI 可以通过分析市场数据，提供投资建议。

6. 交通出行

(1) 自动驾驶。AI 可以控制汽车自动驾驶，减少交通事故。

(2) 智能交通系统。AI 可以优化交通流量，提高交通效率。

7. 教育

(1) 个性化学习。AI 可以根据学生的学习进度和能力，提供个性化的学习资源。

(2) 智能辅导。AI 可以为学生提供 24×7 的在线辅导服务。

8. 文娱创作

(1) 内容生成。AI 可以生成文本、图像、音频和视频等内容。

(2) 音乐创作。AI 可以根据用户的需求，创作音乐作品。

9. 安全监控

(1) 图像识别。AI可以通过识别图像，自动识别异常行为并报警。

(2) 行为分析。AI可以分析监控视频，预测潜在的安全威胁。

以上是人工智能在各个领域的应用，随着技术的不断发展，人工智能的应用将会更加广泛和深入。

2.3 AI＋行业应用

2.3.1 AI在汽车行业的应用

AI在汽车行业的应用正日益增多，并深刻改变着汽车的设计、制造和使用方式。以下是几个AI在汽车行业中的应用场景举例。

1. 智能驾驶辅助系统

AI技术在自动驾驶汽车中扮演着核心角色。利用传感器、摄像头和雷达收集的数据，AI能够处理并识别路况信息，辅助或完全接管驾驶任务。例如，特斯拉的Autopilot系统能在特定条件下实现自动驾驶和自动泊车。

2. 车联网(V2X)通信

AI技术可以提高车联网系统的效率，实现车辆与车辆(Vehicle to Vehicle，V2V)、车辆与基础设施(Vehicle to Infrastructure，V2I)、车辆与行人(Vehicle to Pedestrian，V2P)以及车辆与网络(Vehicle to Network，V2N)的通信。这有助于减少交通事故，提高交通效率。

3. 智能客户体验

AI可以提供个性化的驾驶体验。通过学习驾驶员的习惯和偏好，AI能够调整座椅、后视镜、音响系统以及其他车辆设置。此外，智能语音助手如苹果的Siri和亚马逊的Alexa也被集成到汽车中，提供语音导航、信息娱乐等功能。

4. 故障预测与维护

通过收集和分析车辆的运行数据，AI可以预测潜在的故障并提前提醒驾驶员进行维护。例如，通用汽车的OnStar系统就能监测车辆的性能，并在需要时发送维护提醒。

5. 供应链与物流管理

AI可以优化汽车供应链和物流管理，通过预测市场趋势、优化库存管理和提高运输效率来降低成本。例如，AI可以通过分析数据来决定哪些零部件需要加大库存，哪些路线可以更高效地运输。

6. 制造过程优化

在汽车制造过程中，AI可以帮助提高生产效率和质量。例如，AI驱动的机器人能够精确执行复杂的制造任务，而AI视觉系统则可以检查产品质量，确保没有缺陷。

这些应用场景展示了AI如何提升汽车行业的各个方面，从驾驶安全到客户体验，再到生产和维护，AI技术的融合应用正推动汽车行业向着更加智能化的方向发展。

2.3.2 AI在医疗行业的应用

AI在医疗行业的应用正在逐步改变诊断、治疗和医疗管理的各个方面。AI在医疗行业中的应用场景举例如下。

1. 疾病诊断

AI可以通过分析医学影像(如X光片、CT扫描和MRI)来辅助诊断疾病。例如，深度学习算法可以识别皮肤癌的早期迹象，或者在影像中检测出癌症的征兆。

2. 个性化治疗

AI可以分析患者的遗传信息、生活习惯和病史，为患者提供个性化的治疗方案。这种精准医疗可以提高治疗效果，减少副作用。

3. 药物研发

AI可以加速新药的发现和开发过程，通过分析大量的化合物数据，预测哪些药物可能对特定疾病有效。这可以大大减少药物研发的时间和成本。

4. 机器人辅助手术

AI驱动的机器人可以帮助医生进行手术，提供高精度的操作。这些机器人可以执行重复性任务，降低手术中人为错误发生的可能性。

5. 智能健康监测

通过可穿戴设备和智能家居技术，AI可以实时监测个人的健康状况，如心率、血压和血糖水平等。在异常情况发生时，AI可以及时提醒用户和医生。

6. 虚拟健康助手

AI可以作为患者的虚拟助手，提供健康咨询、药物提醒、症状监测等服务。这些助手可以帮助患者更好地管理自己的健康。

7. 疾病预测

AI可以通过分析大数据来预测疾病爆发，帮助卫生部门更好地应对传染病爆发和流行病。

8. 医疗记录分析

AI可以分析电子健康记录(Electronic Health Record，EHR)中的大量数据，帮助医生发现患者的治疗趋势和潜在的健康问题。

这些应用场景展示了AI如何提高医疗行业的效率和质量，通过数据分析和智能技术，AI正在为患者和医疗服务提供者带来巨大的价值。随着技术的不断进步，AI在医疗行业中的作用将会更加显著。

2.3.3 AI在金融行业的应用

AI在金融行业的应用广泛，从客户服务到风险管理，再到投资策略，AI正在改变金融服务的方方面面，如图2-8所示。AI在金融行业中的应用场景举例如下。

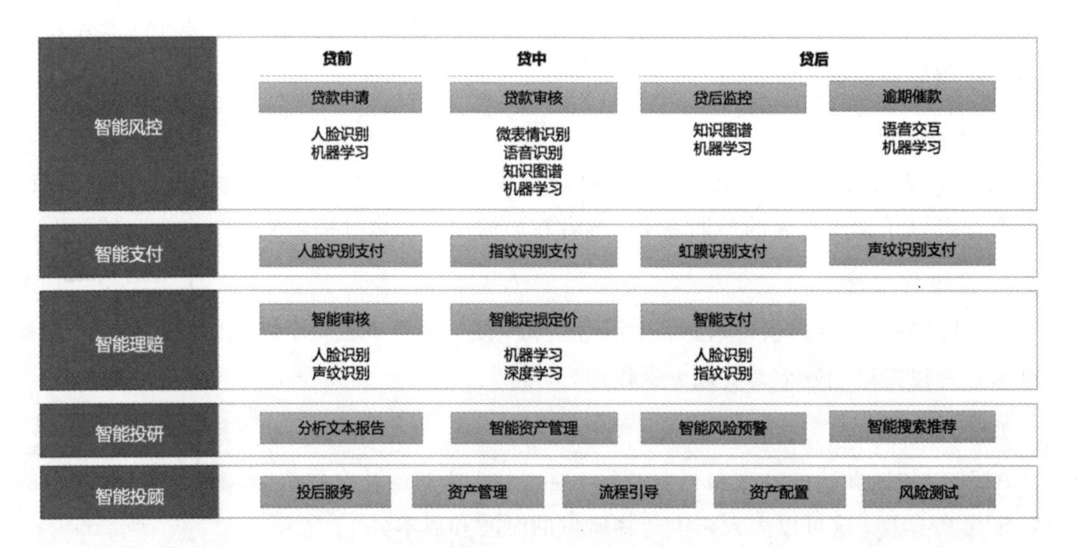

图2-8 AI+金融落地场景

1. 智能客户服务

AI驱动的聊天机器人可以提供24×7的客户服务，通过自然语言处理技术回答客户的常见问题，提供账户信息，甚至协助客户进行简单的交易操作。

2. 欺诈检测

AI系统可以分析交易模式和行为数据，识别潜在的欺诈行为。例如，如果某账户突然开始进行大量的国际交易，AI系统可以立即提醒银行进行进一步的调查。

3. 信用评分

AI可以分析大量的个人数据，涵盖信用历史、支付行为和社交媒体活动，以提供更精确的信用评分。这有助于金融机构更准确地评估贷款申请者的信用风险。

4. 自动化交易

在股票交易和其他金融市场中，AI可以自动执行交易策略，根据预设的规则和市场分析快速做出交易决策。

5. 智能投顾

AI可以提供个性化的投资建议，根据客户的风险偏好、投资目标和市场情况来优化投资组合。这种服务通常成本较低，使零售投资者也能享受到专业的投资管理服务。

6. 风险管理

AI可以分析大量的数据，帮助金融机构识别和管理风险。例如，在贷款审批过程中，AI可以评估贷款申请者的还款能力，预测可能的违约风险。

7. 算法交易

金融机构使用 AI 算法来执行复杂的交易策略，包括高频交易（High-Frequency Trading，HFT），这些算法能够在极短的时间内执行大量的交易。

8. 智能决策支持

AI 可以分析历史和实时数据，为金融机构提供决策支持。例如，AI 可以分析市场趋势和客户行为，帮助银行决定是否推出新的产品或服务。

上述应用场景展示了 AI 如何提高金融行业的效率和准确性，通过自动化和数据分析，AI 正在为金融机构和客户提供更多的价值。随着技术的不断进步，AI 在金融行业中的作用将会更加重要。

2.3.4 AI 在消费品与零售行业的应用

AI 在消费品与零售行业的应用正在改变消费者的购物体验、产品的设计和行业的供应链管理，如图 2-9 所示。AI 在消费品与零售行业中的应用场景举例如下。

图 2-9　AI+零售落地场景

1. 个性化推荐

AI 可以分析消费者的购买历史、浏览行为和偏好，提供个性化的产品推荐。例如，淘宝和京东的推荐系统会根据用户的浏览和购买习惯推荐商品。

2. 客户服务机器人

AI 驱动的聊天机器人可以提供 24×7 的客户服务，回答常见问题、处理订单和退货请求，提高客户满意度。

3. 智能库存管理

AI 可以分析销售数据和市场趋势，预测哪些产品需要加大库存或减少库存，以减少库存成本和缺货风险。

4. 价格优化

AI可以分析竞争对手的价格、市场需求和库存状况，自动调整产品价格，以获取最大的利润。

5. 产品分类和审核

AI可以使用图像识别技术自动对产品分类，审核产品图片和描述，确保它们符合品牌标准和政策。

6. 智能虚拟试衣间

通过摄像头和传感器，AI能够分析消费者的身体尺寸和试衣效果，提供个性化的服装搭配建议。

7. 预测性维护

AI通过分析产品的使用模式和性能数据，预测可能出现的故障和维修需求，从而提前进行维护。

8. 增强现实(AR)体验

AI结合AR技术可以为消费者提供沉浸式的购物体验，例如在家预览家具的摆放效果。

9. 语音购物

AI可以识别消费者的语音命令，通过智能音箱或其他设备协助消费者进行购物。

10. 数据驱动的产品设计

AI可以分析消费者反馈、市场趋势和竞争对手信息，为产品设计和创新提供洞察。

这些应用场景展示了AI如何提高消费品与零售行业的效率、客户满意度和赢利能力。随着技术的不断进步，AI在消费品与零售行业中的作用将会更加显著。

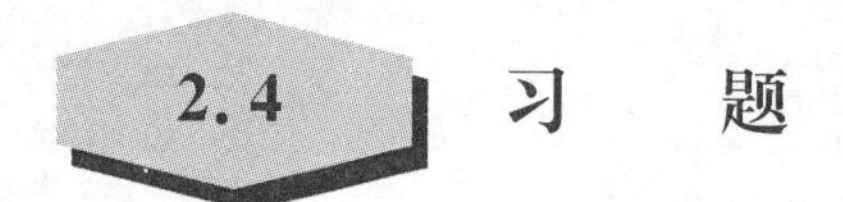

2.4 习 题

1. 选择题

(1) 机器学习的目的是要让机器能像人一样(　　)。

A. 思考　　B. 学习　　C. 工作　　D. 感知

(2) 在监督学习中，数据集分为有标签的(　　)和无标签的(　　)。

A. 分类问题，回归问题　　B. 训练集，测试集

C. 输入，输出　　D. 特征，标签

(3) 以下哪一种算法属于无监督学习算法？(　　)

A. 决策树　　B. K-Means算法

C. 支持向量机　　D. 朴素贝叶斯

(4) 知识图谱主要由(　　)、关系和属性组成。

A. 实体　　B. 图谱　　C. 数据　　D. 算法

(5) 自然语言处理主要研究(　　)之间使用自然语言进行有效通信的各种理论和

方法。

A. 人与计算机　　B. 人与人

C. 人与机器　　D. 计算机与计算机

2. 填空题

(1) 机器学习中的监督学习算法分为分类问题和(　　　　)两类。

(2) 在机器学习中，模型通过与环境互动来学习最佳行为策略的学习类型是(　　　　)学习。

(3) 知识图谱的构建可以分为以下几个步骤：数据收集、数据清洗、(　　　　)、数据建模、知识推理。

3. 思考题

(1) 请简要描述机器学习的基本工作流程。

(2) 请简述知识图谱构建的主要步骤。

(3) 请简述自然语言处理的主要研究内容。

第 3 章　Python 编程基础

在人工智能领域，编程语言是实现算法、处理数据和构建智能系统的基础。Python 作为一种高级编程语言，因其简洁易懂的语法、强大的功能和丰富的库支持，已经成为人工智能领域中最受欢迎的语言之一。从机器学习到深度学习，Python 都是开发者和研究者的首选工具。本章介绍 Python 编程的基础知识，包括变量、数据类型、条件与循环、函数等核心概念，这些知识将为后续的人工智能编程打下坚实的基础。

3.1 开发语言与开发环境安装

3.1.1 Python 简介

Python 是面向对象的脚本语言，自 1989 年诞生至今，已经被广泛应用于处理系统管理任务、大数据和 Web 编程等方面，目前已经成为最受欢迎的程序设计语言之一。那么，Python 为什么能够在众多的语言当中脱颖而出呢？简单来说，有以下几个原因。

(1) Python 可以在多种计算机操作系统(UNIX/Linux、Windows、MacOS 等)中运行。

(2) Python 能够实现交互式命令输出。程序员可以一边编写程序，一边查看结果。

(3) Python 是开源免费的，有很多强大易用的标准库。程序员使用这些标准库可以摆脱自己编写的烦恼。

(4) Python 是一种解析性的、面向对象的编程语言。

(5) Python 是可以连接多种语言的“胶水语言”。

Python 有 Python 2.X 和 Python 3.X 两个版本，因此有人称 Python 为“双管枪”。

表 3-1 所示是 Python 与其他数据分析语言的对比。

表 3-1　Python 与其他数据分析语言的对比

软件名称	处理逻辑	版本更新速度	编程难易程度	应用场景范围
Python	内存计算	快	难	广
R	内存计算	快	难	中
MATLAB	内存计算	中	中	广

续表

软件名称	处理逻辑	版本更新速度	编程难易程度	应用场景范围
Stata	内存计算	中	易	窄
SAS	非内存计算	慢	中	窄
SPSS	内存计算	中	易	窄
Excel	内存计算	中	难	窄

Python 的主要工具库见表 3－2。

表 3－2　Python 的主要工具库

工具库名称	简　介
Matplotlib	Matplotlib 是 Python 2D 绘图领域使用最广泛的库。它能让使用者很轻松地将数据图形化，并且提供多样化的输出格式
NumPy	NumPy(Numeric Python)系统是 Python 的一种开源数值计算扩展。它提供了许多高级的数值编程工具，如矩阵数据类型、矢量处理以及精密的运算库等，专为进行严格的数字处理而产生
SciPy	SciPy 是一款方便、易于使用、专为科学和工程设计的 Python 工具包。它包括统计、优化、整合、线性代数模块、傅里叶变换、信号和图像处理、常微分方程求解器等
Pandas	Python Data Analysis Library 或 Pandas 是基于 NumPy 的一种工具，该工具是为了解决数据分析任务而创建的。Pandas 纳入了大量的库和一些标准的数据模型，提供了高效地操作大型数据集所需的工具以及大量能快速便捷地处理数据的函数和方法
seaborn	seaborn 是一个统计数据可视化库
sklearn	sklearn(scikit-learn)是基于 Python 的机器学习模块，基于 BSD 开源许可证。scikit-learn 的基本功能主要分为 6 个部分，即分类、回归、聚类、数据降维、模型选择、数据预处理。scikit-learn 中的机器学习模型非常丰富，包括 SVM、决策树、GBDT、KNN 等，可以根据问题的类型选择合适的模型
Statsmodels	Statsmodels 是一个 Python 包，提供互补 Scipy 统计计算的功能，包括描述性统计、统计模型估计和推断
TA-Lib	TA-Lib 是一个技术分析指标库
Theano	Theano 是一个 Python 深度学习库
TensorFlow	TensorFlow 是谷歌基于 DistBelief 进行研发的第二代人工智能学习系统
Keras	Keras 是高阶神经网络开发库，可运行在 TensorFlow 或 Theano 上

3.1.2　Anaconda 下载与安装

Anaconda 是一个开源的 Python 发行版本软件，被用来管理 Python 相关的包。安装

Anaconda 后可以很方便地切换不同的环境，使用不同的深度学习框架来开发项目，本节详细介绍 Anaconda 的安装。

1. Anaconda 下载

在浏览器地址栏中输入网址“https://www.anaconda.com/download”，打开如图 3－1 所示的 Anaconda 下载页面。Anaconda 有 Windows、MacOS、Linux 版本，本书以 Windows 版本为例介绍。单击图 3－1 所示页面中的“Download”按钮即可下载 Windows 版本。

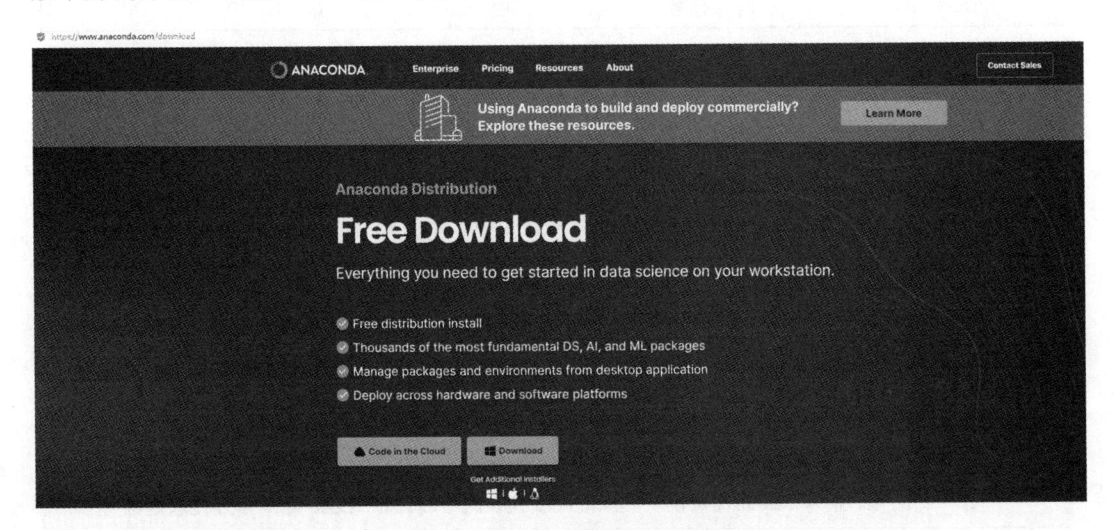

图 3－1　Anaconda 安装包下载页面

2. Anaconda 安装

(1) 双击“Anaconda3 2023.07-2-Windows-x86_64.exe”文件，出现如图 3－2 所示的对话框，单击“Next”按钮进行下一步。

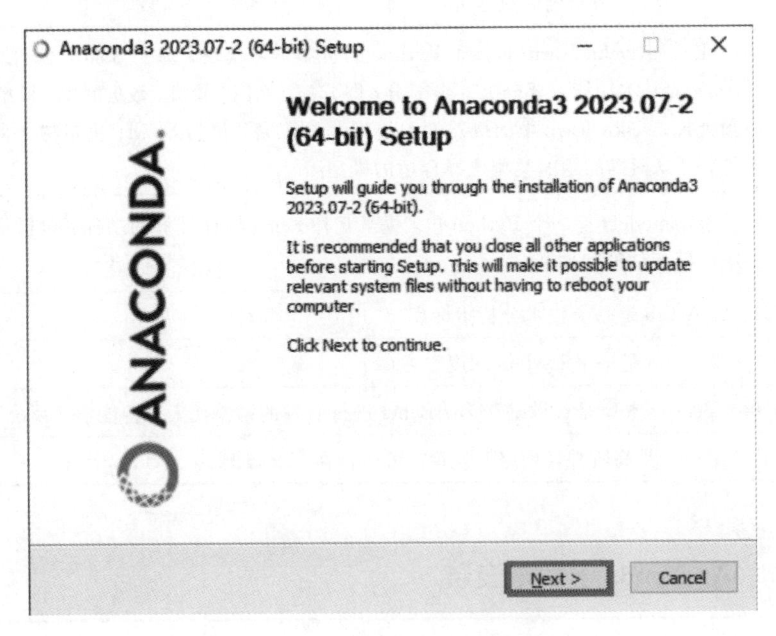

图 3－2　Anaconda“开始安装”对话框

（2）在“License Agreement”对话框中单击“I Agree”按钮，如图 3－3 所示。

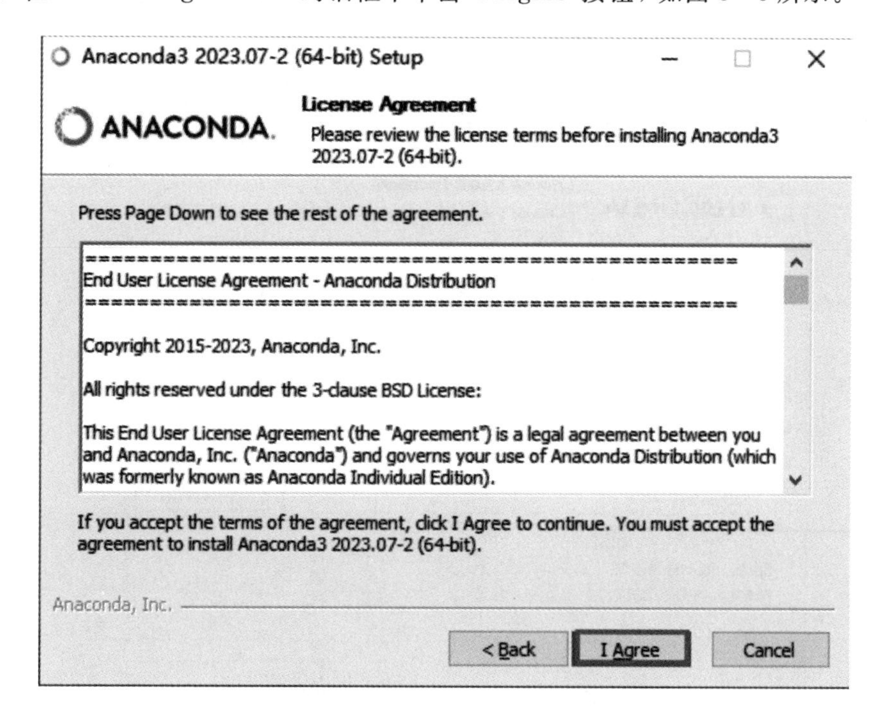

图 3－3　“License Agreement”对话框

（3）在“Select Installation Type”对话框中选择“Just me”按钮(假如你的电脑有多个用户，可以选择 All Users)，继续单击“Next”按钮，如图 3－4 所示。

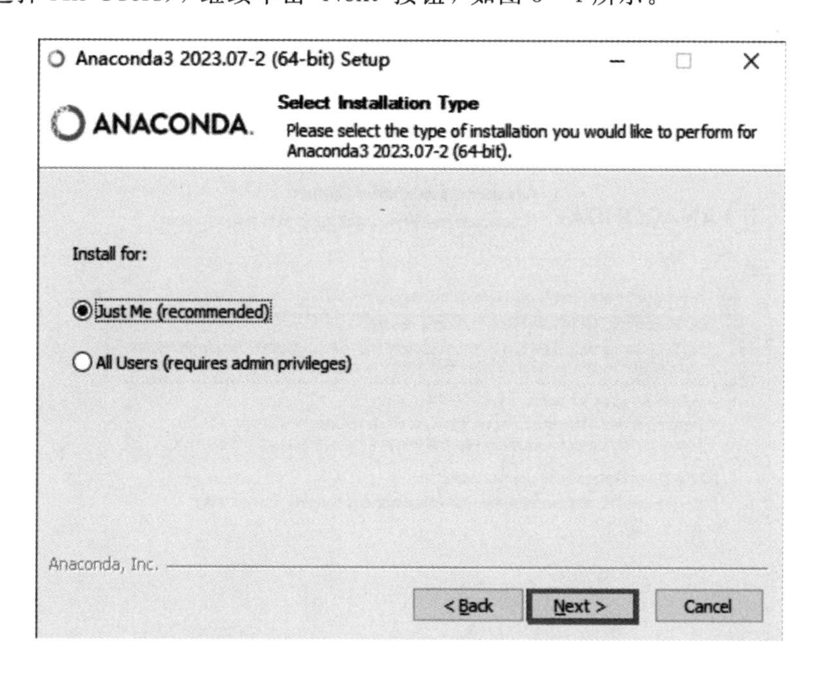

图 3－4　“Select Installation Type”对话框

(4) 在“Choose Install Location”对话框中单击“Browse...”按钮来自定义安装路径(注意路径中不要出现中文、空格、特殊字符)，也可以直接单击“Next”按钮进行安装，如图 3－5 所示。

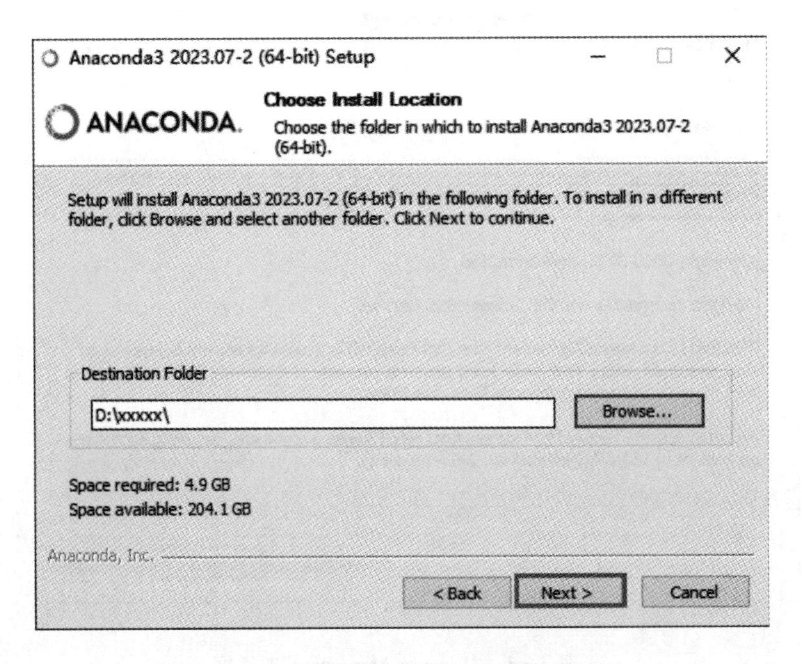

图 3－5　“Choose Install Location”对话框

(5) 在“Advanced Installation Options”对话框中勾选前三个复选框，第一个复选框是在开始菜单创建快捷方式，第二个复选框是把 Anaconda 添加到环境变量中，第三个复选框是设置 Anaconda 为系统默认 Python 3.11 版本，单击“Install”按钮继续，如图 3－6 所示。

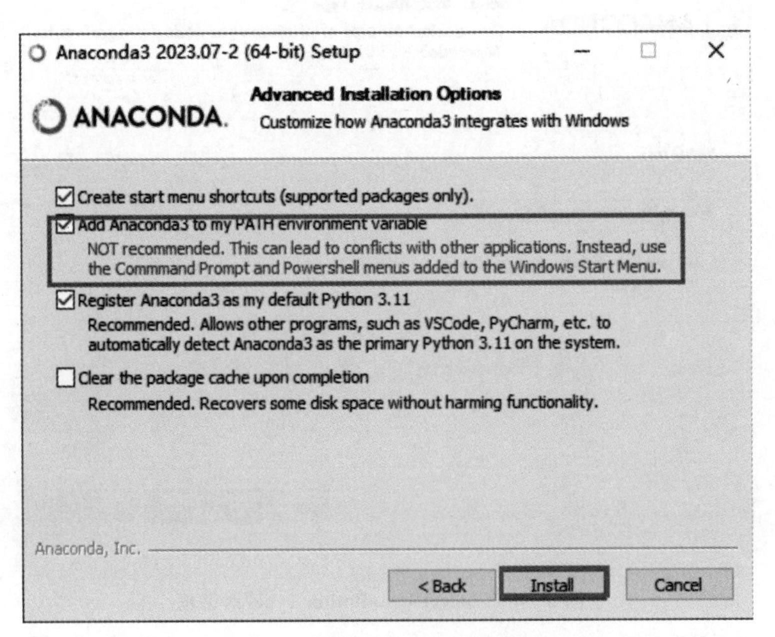

图 3－6　“Advanced Installation Options”对话框

(6) 在“Installation Complete”对话框的界面等待(如果想要查看安装细节，则可以单击“Show details”按钮)直至完成，单击“Next”按钮继续，如图 3-7 所示。

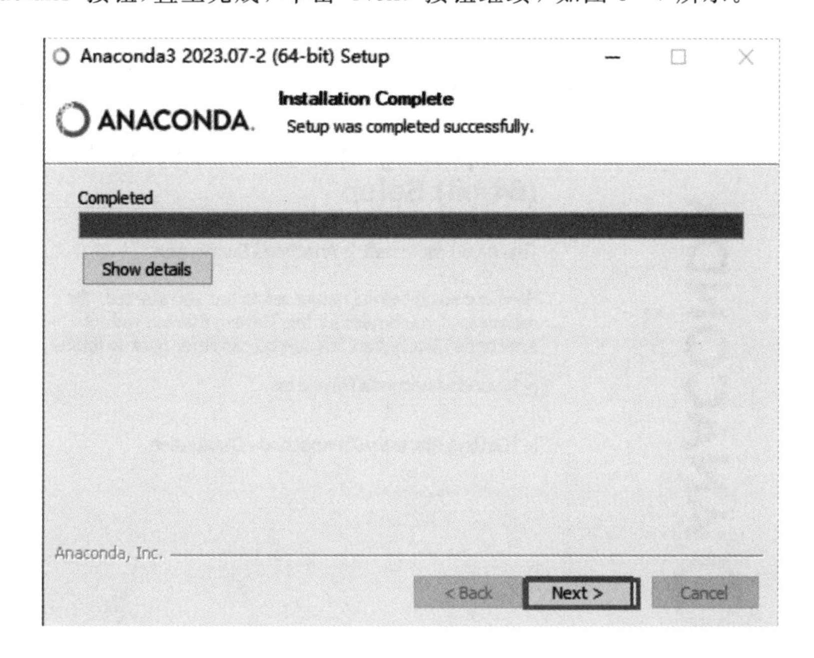

图 3-7　“Installation Complete”对话框

(7) 在“Code with Anaconda in the Cloud”对话框中单击“Next”按钮继续，如图 3-8 所示。

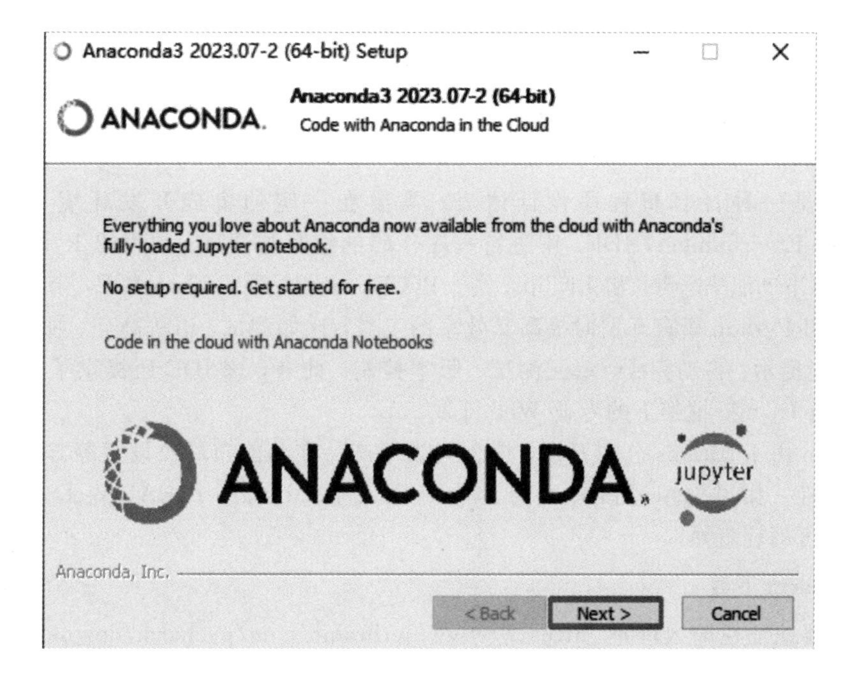

图 3-8　“Code with Anaconda in the Cloud”对话框

(8) 弹出“Thank you for installing Anaconda Distribution.”对话框，表示安装成功，单击“Finish”按钮完成安装，如图 3-9 所示。

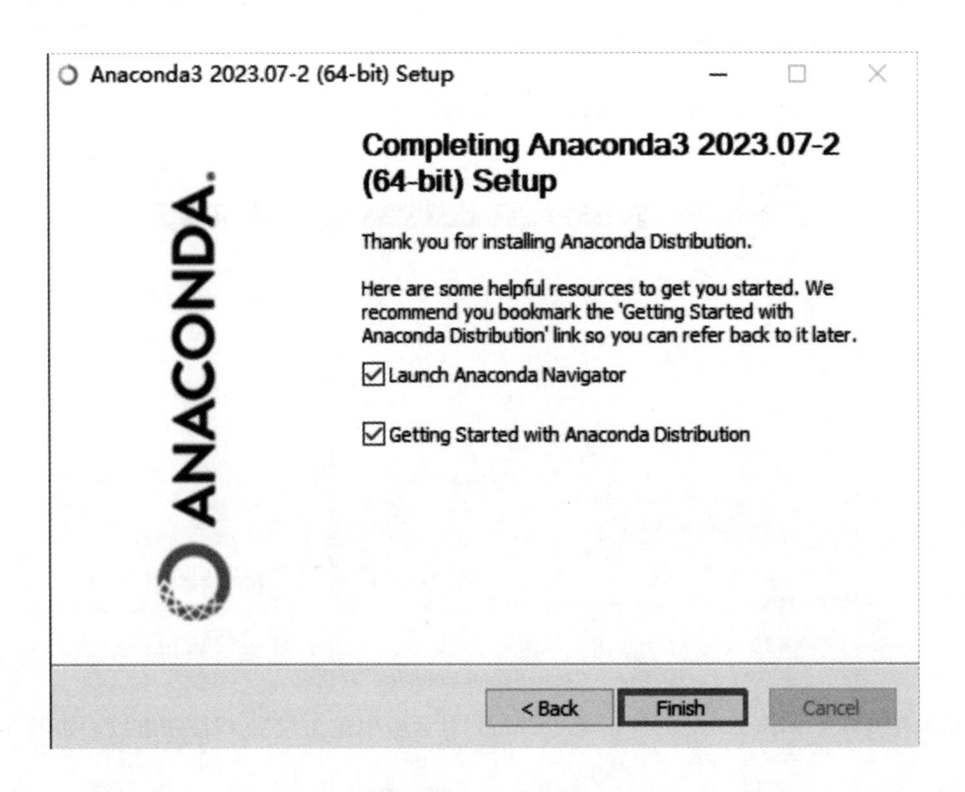

图 3-9 “Thank you for installing Anaconda Distribution.”对话框

3.1.3 PyCharm 下载、安装及使用

Python 是一种计算机程序设计语言，需要在一定的集成开发环境（Integrated Development Environment，IDE）中进行程序代码的编写与调试。常用的 Python 集成开发环境有 PyCharm、Spyder 和 LiClipse 等。PyCharm 是一种 Python IDE，带有一整套帮助用户在使用 Python 语言开发时提高其效率的工具，比如调试、语法高亮、项目管理、代码跳转、智能提示、自动完成、单元测试、版本控制。此外，该 IDE 还提供了一些高级功能，用于支持 Django 框架下的专业 Web 开发。

PyCharm 由 JetBrains 公司开发，该公司旗下产品在功能布局及设置等方面都保持了很好的一致性。如果你用过该公司的其他产品，例如 Intellij IDEA、WebStorm，使用 PyCharm 便可驾轻就熟。

1. PyCharm 下载

在浏览器地址栏输入网址“https://www.jetbrains.com/pycharm/download/”，进入 PyCharm 官方下载页面，选择 Community(社区)版(专业版需收费)，如图 3-10 所示。

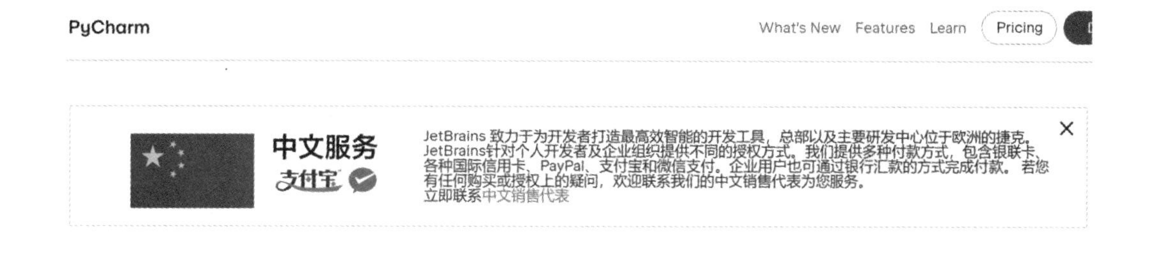

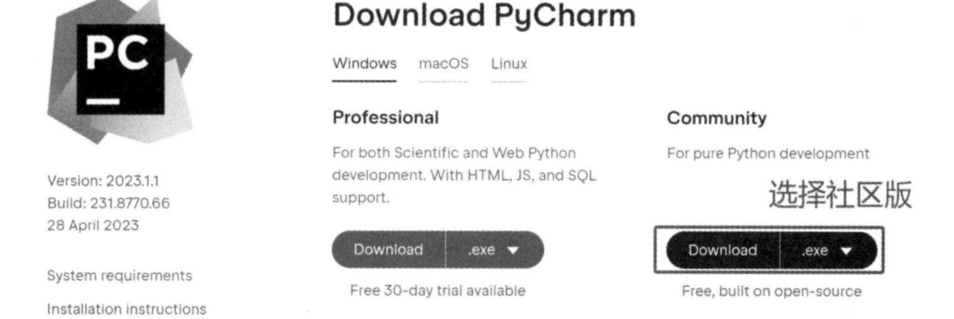

图 3-10　PyCharm 官方下载页面

2. PyCharm 安装

（1）找到下载 PyCharm 的路径，双击“pycharm-community-****.exe”文件进行安装，安装界面如图 3-11 所示。

图 3-11　PyCharm 安装界面

（2）单击“Next”按钮后，进入“Choose Install Location”（选择安装路径）对话框，尽量

不要选择带中文和空格的路径。选择好路径后，单击“Next”按钮进行下一步，如图 3－12 所示。

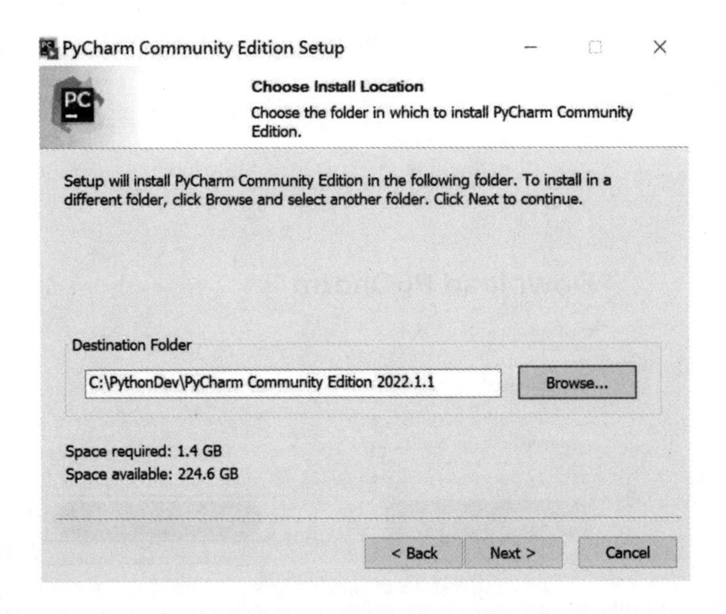

图 3－12 “Choose Install Location”对话框

(3) 在“Installation Options”(安装选项)对话框中勾选四个复选框，单击“Next”按钮进入下一步，如图 3－13 所示。

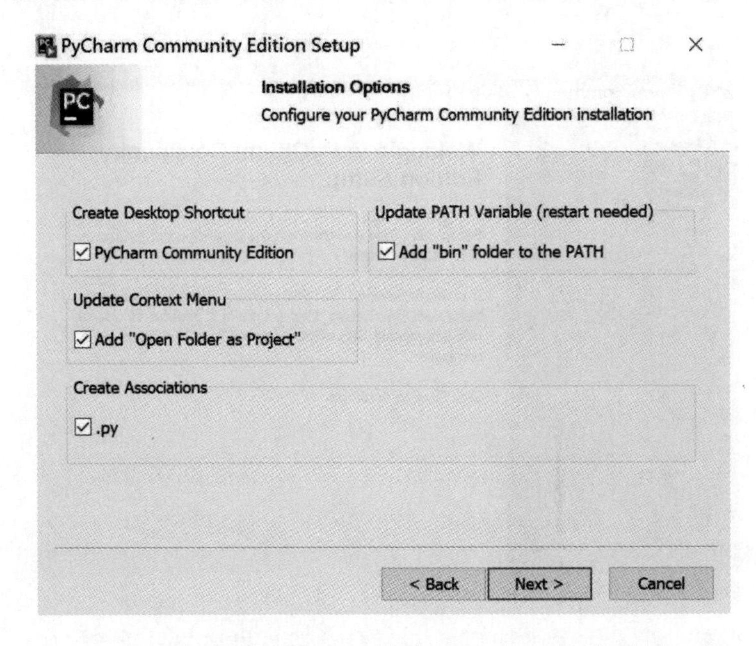

图 3－13 “Installation Options”对话框

(4) 在“Choose Start Menu Folder”对话框中单击“Install”按钮进行安装，如图 3－14 所示。

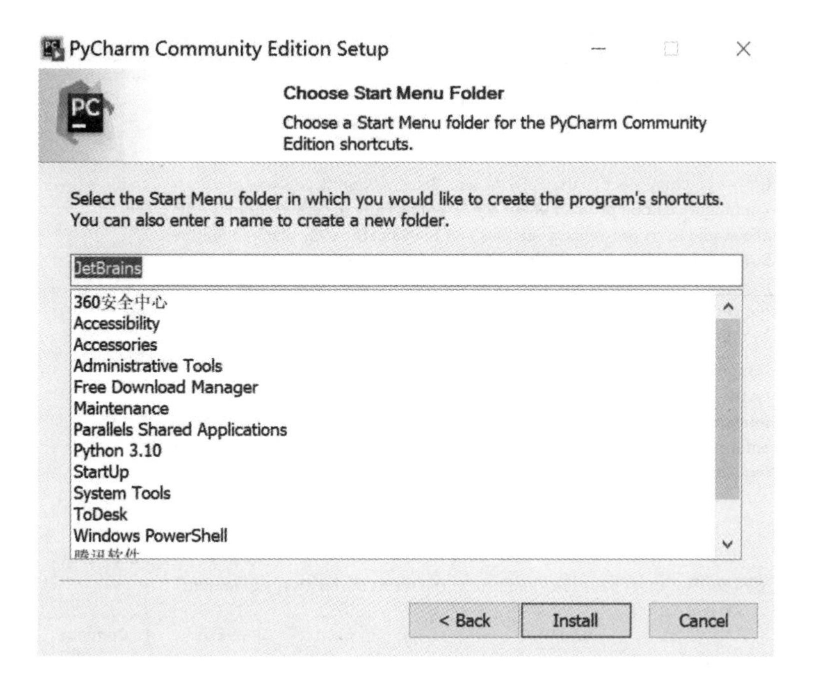

图 3－14　"Choose Start Menu Folder"对话框

（5）弹出"Completing PyCharm Community Edition Setup"对话框，单击"Finish"按钮完成，如图 3－15 所示。

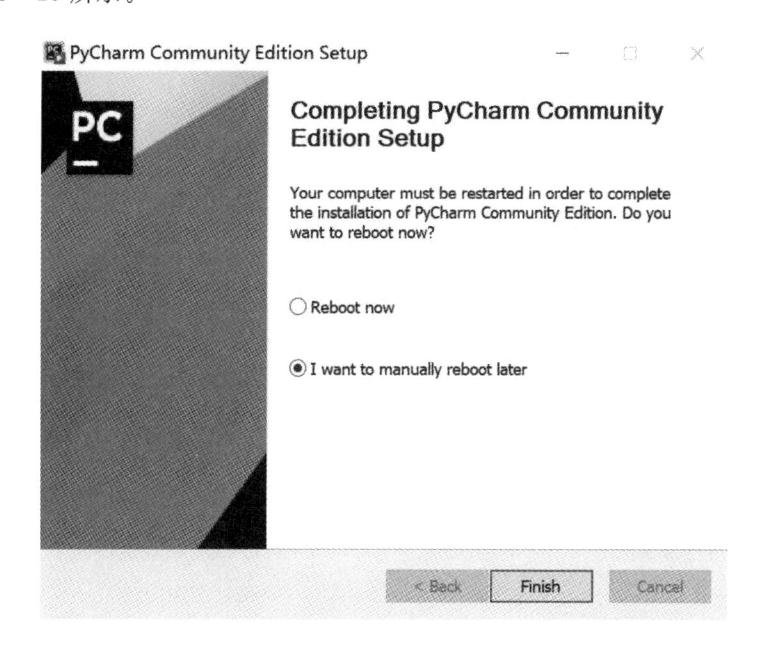

图 3－15　"Completing Pycharm Community Edition Setup"对话框

3. 创建项目及文件

（1）双击桌面上的"PyCharm"图标，勾选"I confirm that I..."单选框后，单击"Continue"按钮，如图 3－16 所示。

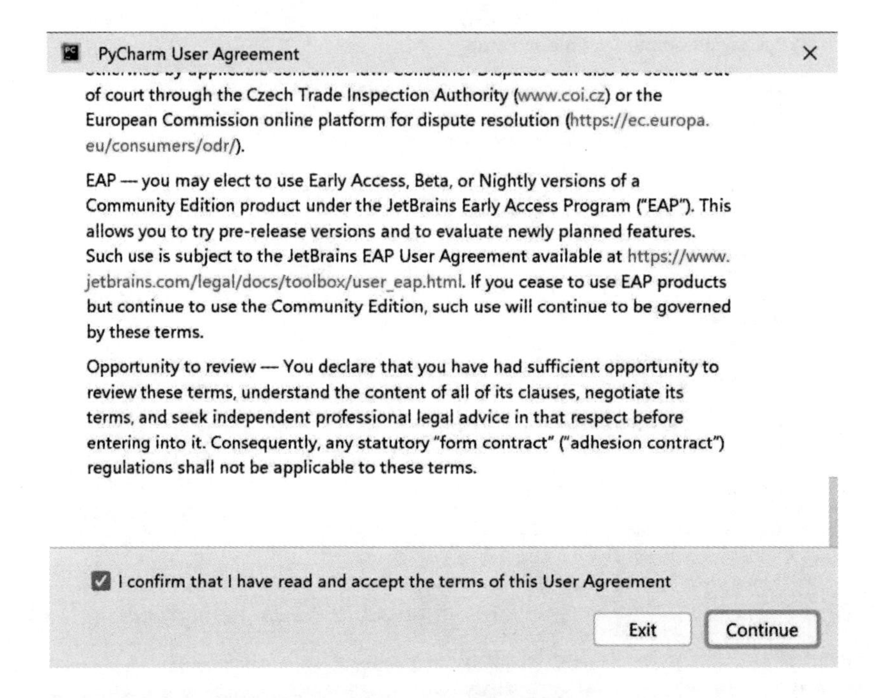

图 3-16 “用户同意”对话框

（2）进入“创建项目”界面后，选择“New Project”新建项目，如图 3-17 所示。

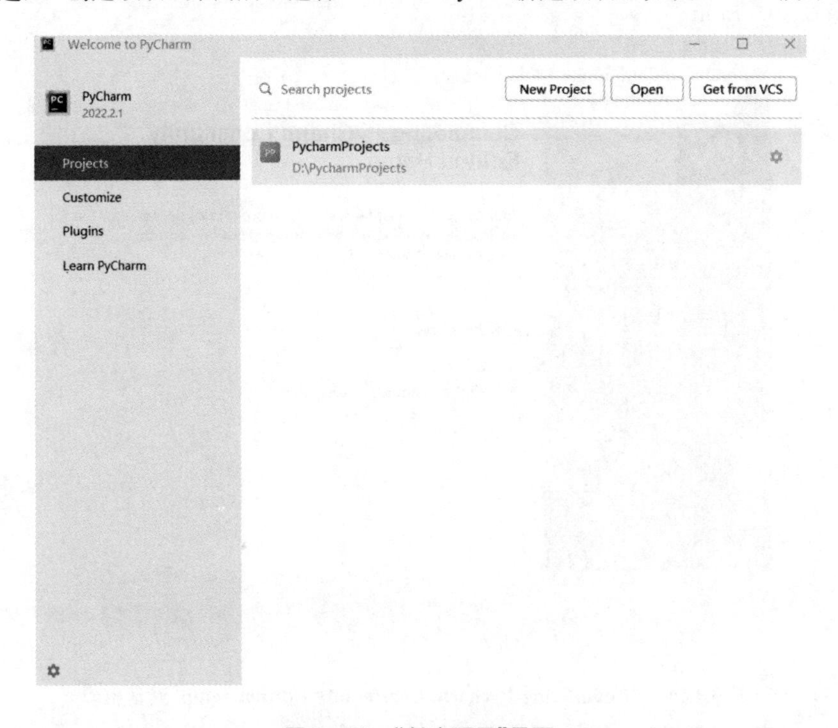

图 3-17 “创建项目”界面

（3）修改 Location（项目目录路径），命名为“my_pythonProject”，选择“interpreter”（解释器），版本是 Python 3.11，没有解释器的需要先安装 Python，如图 3-18 所示。

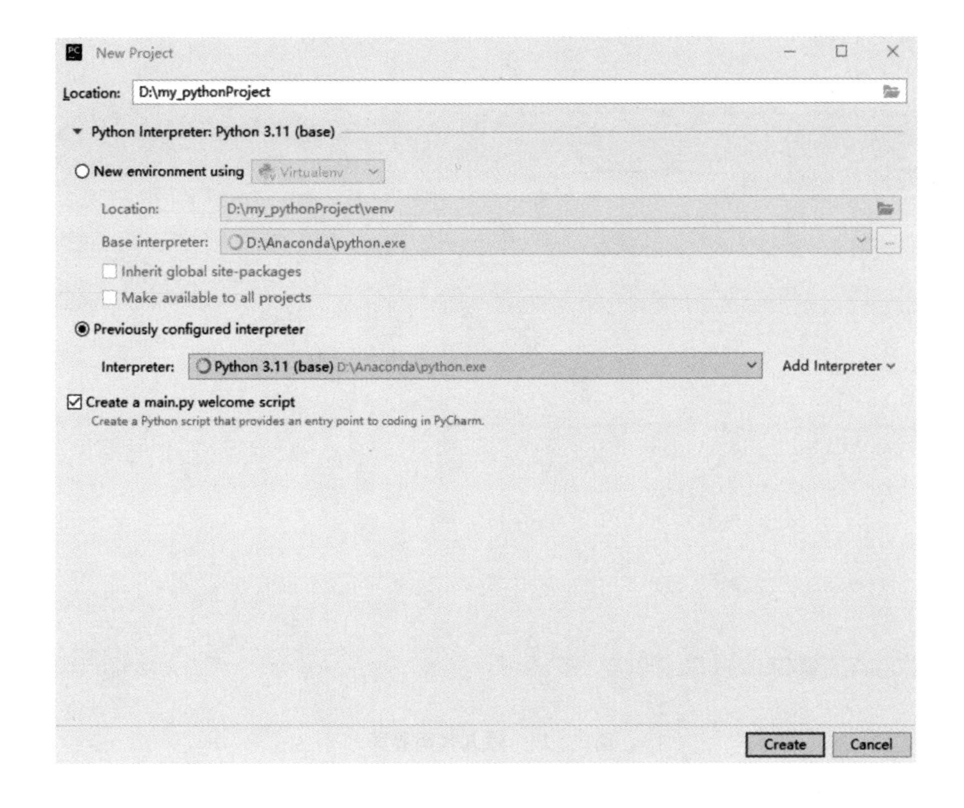

图 3－18　“选择解释器”对话框

（4）创建 test. py 文件，选择项目单击“New→Python File”，然后输入文件名“test”，如图 3－19 所示。

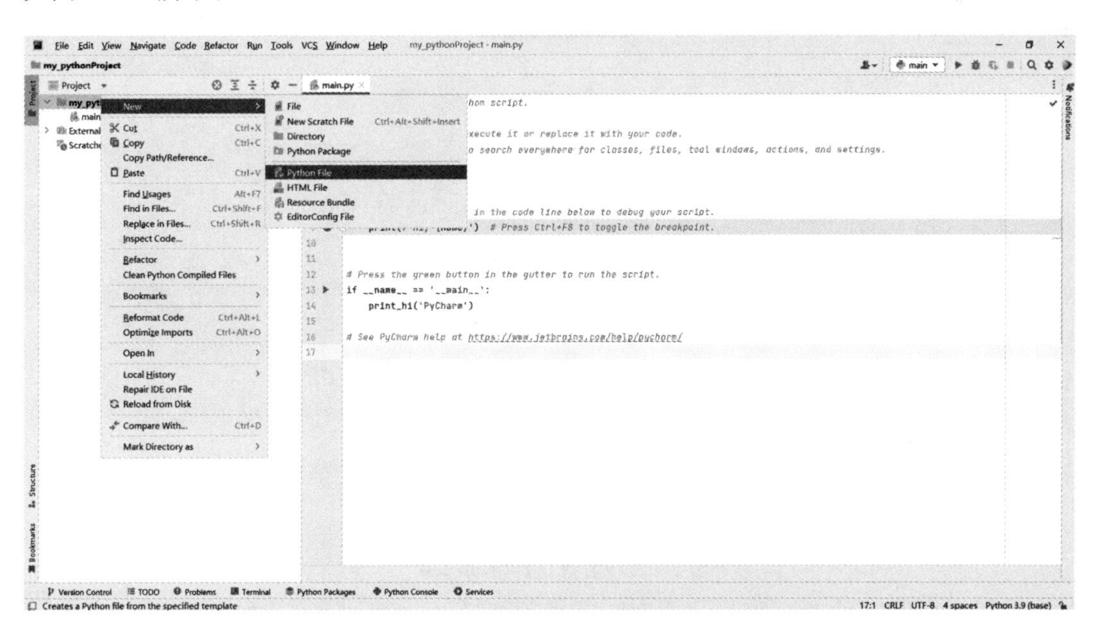

图 3－19　“创建 Python File”界面

(5) 输入代码“print("Hello Python")”，如图 3-20 所示。

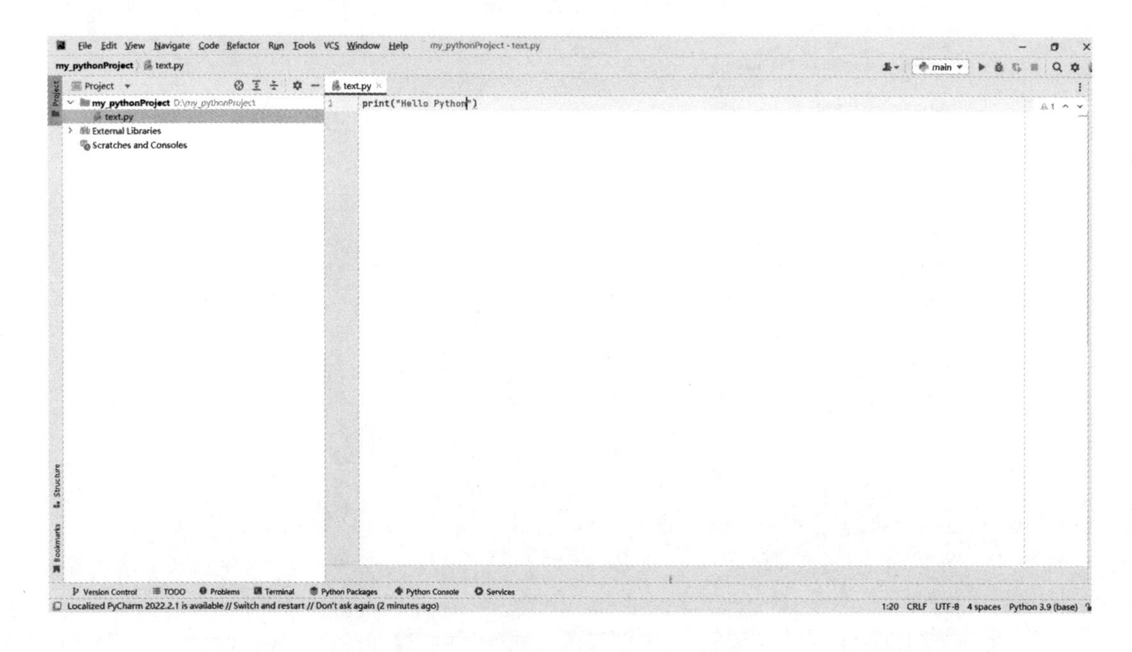

图 3-20 输入代码界面

(6) 单击右键，选择“Run 'test'”，运行程序如图 3-21 所示。

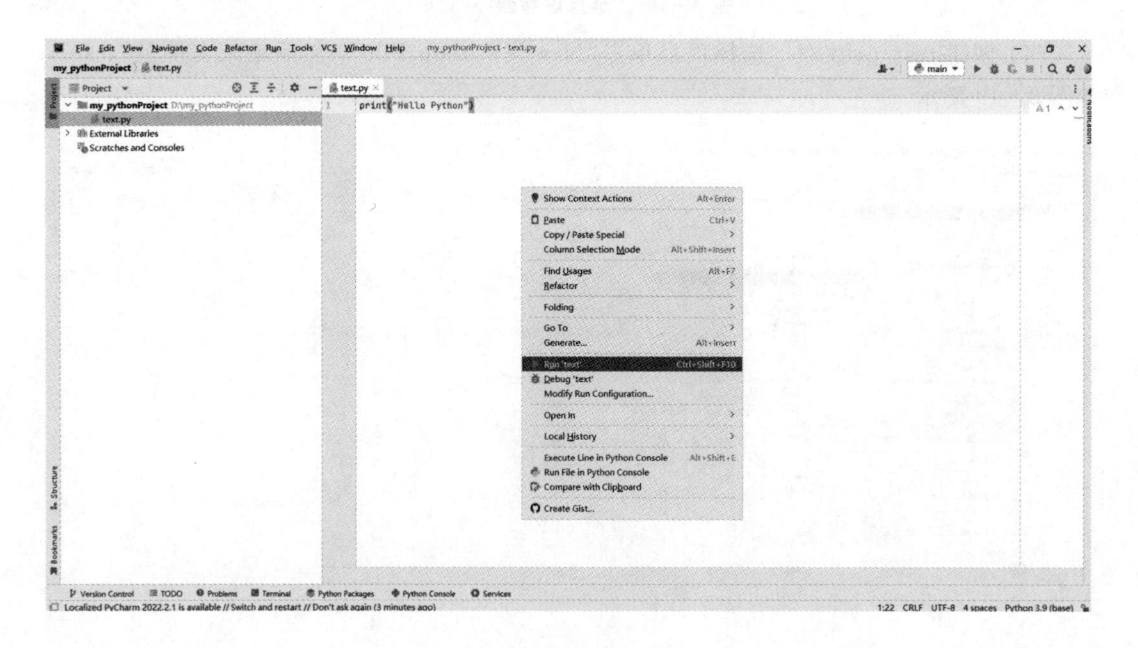

图 3-21 右键选择“Run'test'”

(7) 当控制台显示"Hello Python"时，表示 PyCharm 安装成功，如图 3-22 所示。

图 3-22 运行成功界面

4. 部分实用功能

1) 字体设置

单击 PyCharm 界面左上角的“File→Settings”，在搜索栏中输入“increase”后回车，在右侧的 Editor Actions 区域单击“Increase Font Size”，选中“Add Mouse Shortcut”，设置“Ctrl+Wheel up(滚轮向上)”实现增大字体。减小字体操作同理，如图 3-23 所示。

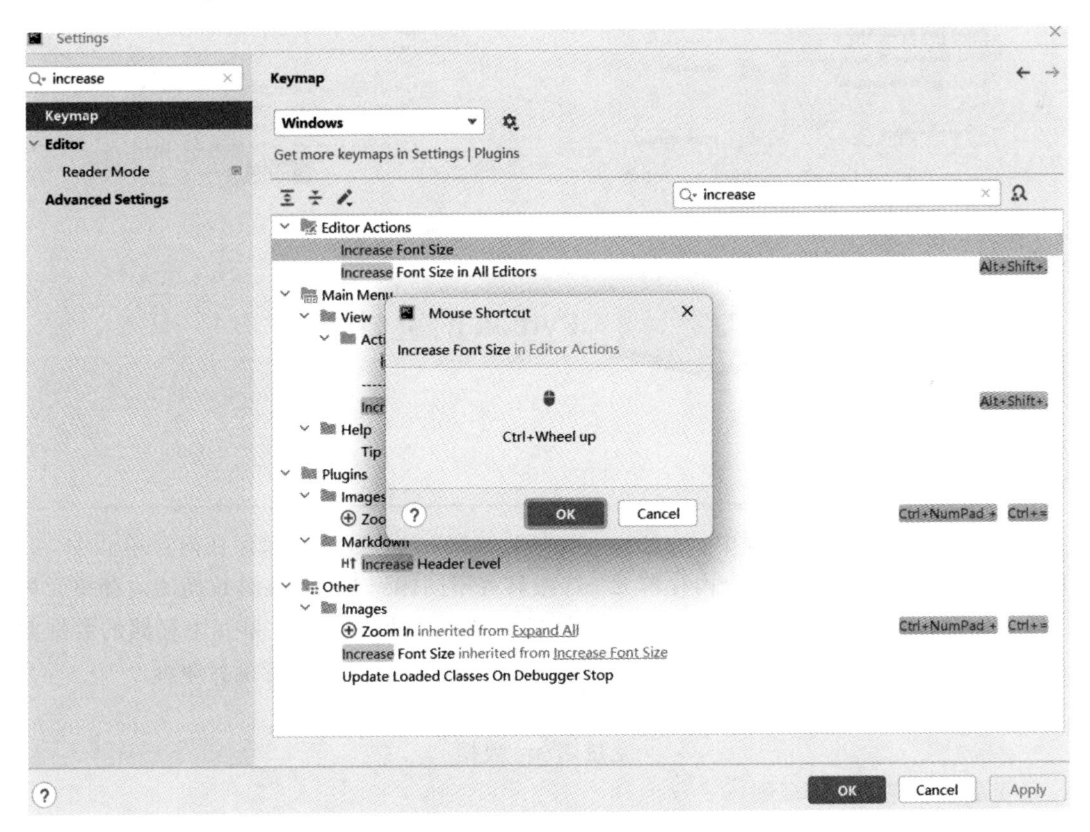

图 3-23 “字体设置”对话框

2) 汉化

单击“File→Settings→Plugins”(插件)，在搜索栏中输入“Chinese(Simplified)”下载中文插件，安装重启后 PyCharm 即成功添加汉化插件，如图 3-24 所示。

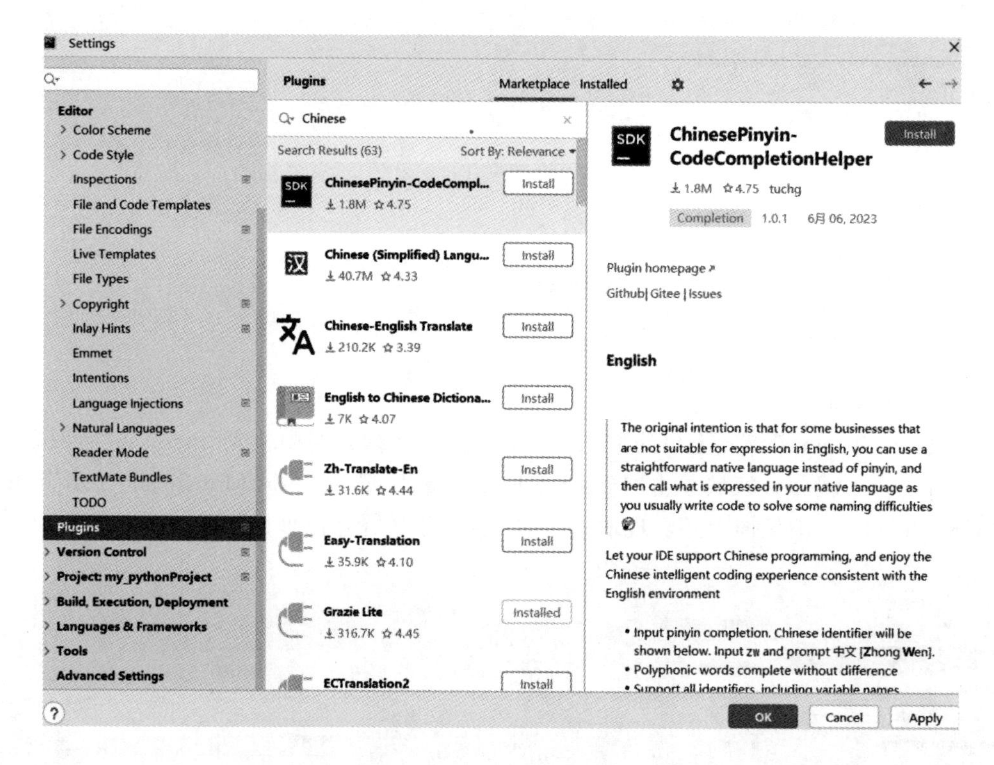

图 3-24 添加汉化插件

3.2 Python 的重要概念

3.2.1 变量

Python 程序在运行过程中，会产生一些临时数据，这些数据被保存在内存单元中，并使用不同的标识符来标识各个内存单元。这些具有不同标识、存储临时数据的内存单元称为变量，而标识内存单元的符号则称为变量名，也称为标识符，内存单元中存储的数据就是变量的值。Python 中定义变量的方式很简单，只需要指定数据和变量名即可。

变量的定义格式为

变量名 = 数据

变量名应遵循以下规则：

(1) 由字母、数字和下画线组成，且不能以数字开头。

(2) 区分大小写。例如，python 和 Python 是不同的标识符。

(3) 通俗易懂，见名知义。

(4) 如果由两个及以上单词组成，单词与单词之间使用下画线连接。

(5) 系统已用的关键字不得用作标识符。

3.2.2　基本的输入/输出

Python 提供了用于实现输入/输出功能的 input()和 print()函数，下面分别对这两个函数进行介绍。

1. input()函数

input()函数用于接收标准输入数据，该函数返回一个字符串类型数据。其语法格式为

input(* args， * * kwargs)

具体代码如下：

```
user_name = input ('请输入账号：')
password = input ('请输入密码：')
```

运行结果如图 3-25 所示。

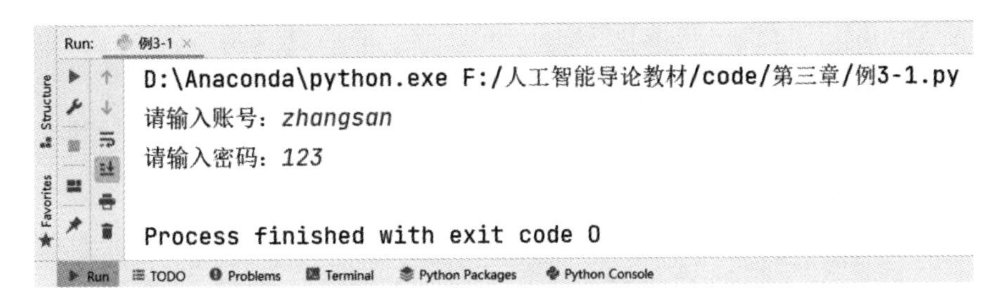

图 3-25　代码运行结果

2. print()函数

print()函数用于向控制台输出数据，它可以输出任何类型的数据，该函数的语法格式为

print(* objects, sep='', end='\n', file = sys. stdout)

print()函数中各个参数的具体含义为：

(1) objects：输出对象。输出多个对象时，需要用逗号分隔。

(2) sep：间隔多个对象。

(3) end：设置以什么结尾。默认值是换行符\n。

(4) file：数据输出的文件对象。

具体代码如下：

```
print("姓名：张三")
print("年龄：18")
```

运行结果如图 3-26 所示。

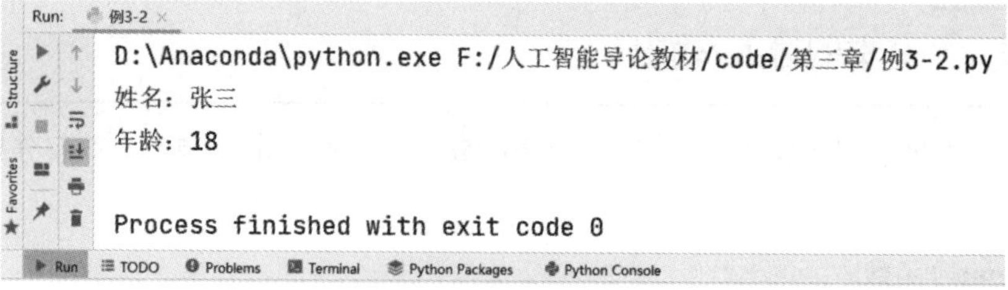
Run: 例3-2
D:\Anaconda\python.exe F:/人工智能导论教材/code/第三章/例3-2.py
姓名：张三
年龄：18
Process finished with exit code 0
Run
TODO
Problems
Terminal
Python Packages
Python Console

图 3-26　代码运行结果

3.2.3 导入模块

当使用 import 关键字导入模块后，就可以使用该模块下的函数、变量和类等。以下示例中，import math 语句先导入了 Python 标准库中的 math 模块，然后使用了 math. sqrt() 函数来计算 9 的平方根，并将结果打印出来。

```
#导入 math 模块，并使用 math 模块下的 sqrt 函数
import math
print(math.sqrt(9))   #输出：3.0
```

运行结果如图 3-27 所示。

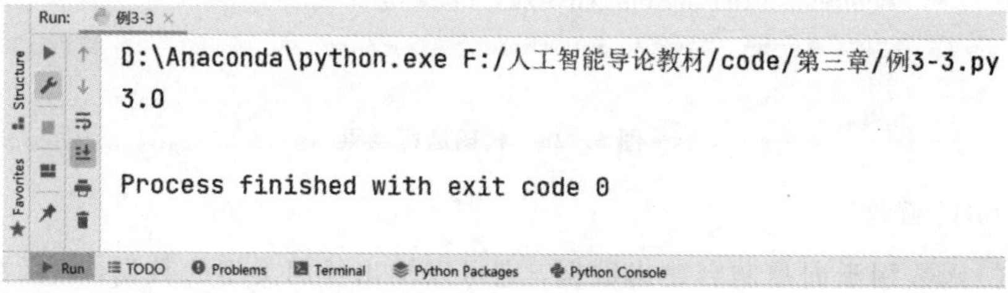
Run: 例3-3
D:\Anaconda\python.exe F:/人工智能导论教材/code/第三章/例3-3.py
3.0
Process finished with exit code 0
Run
TODO
Problems
Terminal
Python Packages
Python Console

图 3-27　代码运行结果

注意　在上面的语句中直接输入 sqrt(9)是会报错的，那么用什么方法可以不用每次都带前缀呢？正确的解决方法是使用 from 模块下的 import 函数的格式，这样可以直接从模块中导入函数，而不需要每次都带前缀。例如，可以这样导入 math 模块中的 sqrt 函数：

```
from math import sqrt
print(sqrt(9))
```

该代码的运行结果如图 3-28 所示。

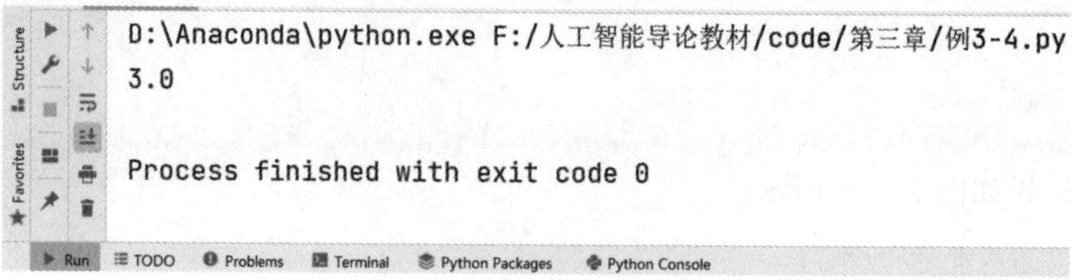
D:\Anaconda\python.exe F:/人工智能导论教材/code/第三章/例3-4.py
3.0
Process finished with exit code 0
Run
TODO
Problems
Terminal
Python Packages
Python Console

图 3-28　代码运行结果

这样每次使用 sqrt 函数的时候就不用再加 math 前缀了。然而 math 模块下有很多函数，能否写一个语句让 math 模块下所有的函数都直接使用呢？答案是可以。可以使用以下语句将 math 模块下的所有函数都导入，这样就可以直接使用这些函数了。

```
from math import *
print(sqrt(9))
print(floor(32.8))
```

运行结果如图 3-29 所示。

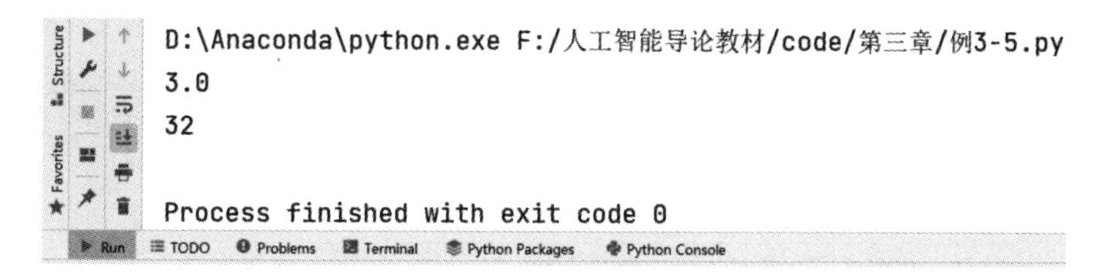

图 3-29　代码运行结果

这个语句中的“ * ”通配符表示导入 math 模块中的所有函数、变量和类等，这样就可以在程序中直接使用 math 模块中的所有内容，而不必再加上前缀。但需要注意，这种导入方式可能会导致命名空间的污染，即命名冲突问题，因此建议在可能的情况下，仅导入需要的特定函数，以避免不必要的问题。

3.3　Python 标准数据类型

在内存中存储的数据可以有多种类型，比如某人的年龄可以用数字来表示，他的名字可以用字符串来表示。Python 定义了一些标准数据类型，用于存储不同类型的数据。Python 中有六种标准数据类型。

(1) numbers(数字)。numbers 用于存储数值数据，包括 int(整数型)、float(浮点数型)、complex(复数型)等。

(2) string(字符串)。string 用于存储文本数据，由一系列字符组成。

(3) list(列表)。list 用于存储一组有序的数据，数据之间用逗号分隔。列表中的数据可以是不同类型的。

(4) tuple(元组)。tuple 类似于列表，但是元组是不可变的，一旦创建就不能修改。

(5) dictionary(字典)。dictionary 用于存储键值对形式的数据，通过键来访问对应的值。字典中的键是唯一的，但值可以重复。

(6) set(集合)。set 用于存储无序、不重复的数据，主要用于数学运算。

Python 不仅提供了丰富的数据，还提供了很多运算符，表 3-3 所示是 Python 的运算符及其用法。

表 3-3 Python 的运算符及其用法

运算符	功能描述	示　例
+	加法：将两个数相加	2+3=5
-	减法：用第一个数减去第二个数	5-3=2
*	乘法：将两个数相乘	2*3=6
/	除法：用第一个数除以第二个数	6/3=2
//	地板除法：取整除法	7//3=2
%	取模：取余数	7%3=1
**	幂：求一个数的指数	2**3=8
==	等于：判断两个数是否相等	2==3 返回 False
!=	不等于：判断两个数是否不相等	2!=3 返回 True
>	大于：判断第一个数是否大于第二个数	3>2 返回 True
<	小于：判断第一个数是否小于第二个数	2<3 返回 True
>=	大于等于：判断第一个数是否大于等于第二个数	3>=2 返回 True
<=	小于等于：判断第一个数是否小于等于第二个数	2<=3 返回 True
and	逻辑与：如果两个条件都为真，则条件为真	2>1 and 3>2 返回 True
or	逻辑或：如果其中一个条件为真，则条件为真	2>3 or 3>2 返回 True
not	逻辑非：如果条件为真，则逻辑非为假	not(2>3)返回 True
in	存在成员：判断一个值是否在序列中	2 in [1, 2, 3]返回 True
not in	不存在成员：判断一个值是否不在序列中	4 not in [1, 2, 3]返回 True
is	身份运算符：判断两个对象是否相同	"hello" is "hello"返回 True
is not	非身份运算符：判断两个对象是否不相同	"hello" is not "world"返回 True

3.3.1 数字

Python 支持四种不同的数字类型，分别为整数型、浮点数型、复数型和布尔型。

(1) 整数型。整数型数字通常被称为整型或整数，它表示正整数或负整数，不带小数点。在 Python 3.X 中，整数型数字是没有大小限制的，可以被当作长整数型数字使用。然而，实际上由于计算机内存的限制，使用的整数是有限制的。

(2) 浮点数型。浮点数型数字由整数部分和小数部分组成，也可以使用科学计数法表示。

(3) 复数型。复数型数字由实数部分和虚数部分构成，可以用 a + bj 或 complex(a, b)表示，其中 a 和 b 都是浮点型数字。

(4) 布尔型。布尔型是一种特殊的整数型，主要用于表示真或假。它只有两个值：True 和 False，分别对应 1 和 0。在 Python 中，任何对象都具有布尔属性，一般情况下，元素的布尔值都是 True；但在特定情况下，布尔值可能为 False，例如 None、False(布尔型)；0(整数型 0)；0.0(浮点数型 0)；0.0+0.0j(复数型 0)；""(空字符串)；[](空列表)；()(空

元组)；{}(空字典)。

3.3.2 字符串

字符串是一种表示文本的数据类型，它是由符号或者数值组成的一个连续序列。在 Python 中，字符串是不可变的，一旦被创建就不可修改。在 Python 中声明一个字符串通常有三种方法：单引号('')、双引号("")和三重引号("""")。这三种方法在声明普通字符串时的效果是完全一样的，区别在于字符串本身中存在引号的情况。

1. 字符串的索引

字符串中的每一个元素都被分配了一个序号即元素的位置，也称为"索引"，第一个元素的索引是 0，第二个元素的索引是 1，以此类推。字符串最后一个元素的索引也可以是－1，倒数第二个元素的索引是－2，以此类推。

str='study hard'的索引如表 3-4 所示。

表 3-4　字符串索引表

字符串	s	t	u	d	y	空格	h	a	r	d
正索引	0	1	2	3	4	5	6	7	8	9
负索引	−10	−9	−8	−7	−6	−5	−4	−3	−2	−1

使用代码取字符串索引位置字符，代码如下：

```
str = "study hard"
print(str[6])
print(str[-4])
```

运行结果如图 3-30 所示。

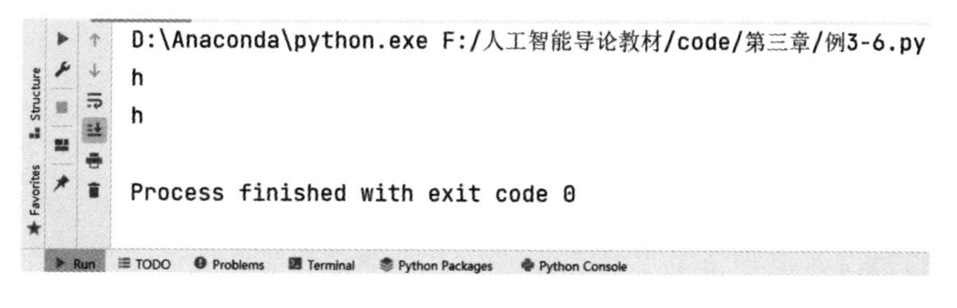

图 3-30　代码运行结果

2. 字符串的分片

在 Python 中，可以使用分片(slicing)来访问字符串中的特定部分。分片操作使用方括号[]，可以指定开始索引、结束索引和步长。其基本格式如下：

str[开始索引:结束索引:步长]

开始索引表示要访问的子字符串的起始位置(包含该位置的字符)，结束索引表示要访问的子字符串的结束位置(不包含该位置的字符)，步长表示每次跳过的字符数。步长可以省略，默认为 1。

分片操作的代码如下：

```
str = "study hard"
print(str[0:3])
```

运行结果如图 3－31 所示。

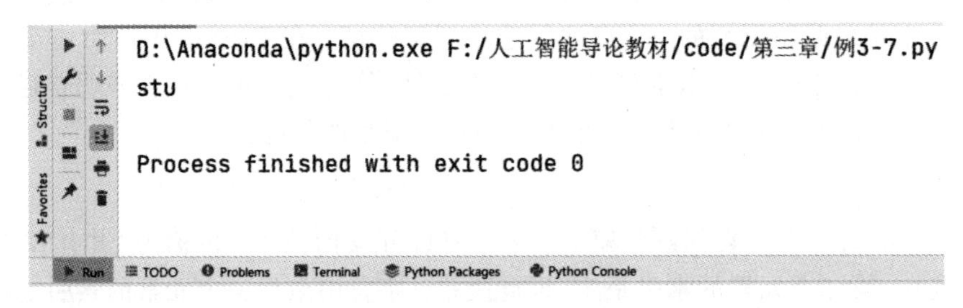

图 3－31 代码运行结果

3. 字符串的运算符

字符串运算符用于执行各种操作，包括连接字符串、重复字符串、判断字符串成员资格等。表 3－5 是一些常用的字符串操作符，示例中 a 字符串为"Hello"，b 字符串为"Python"。

表 3－5 常用的字符串运算符

运算符	描 述	示 例
+	连接(拼接)两个字符串	a + b 输出结果：HelloPython
*	重复一个字符串多次	a * 2 输出结果：HelloHello
[]	访问字符串中的单个字符或子字符串	a[1]输出结果：e
[:]	截取字符串中的一部分(切片)	a[1:4]输出结果：ell
in	检查一个字符串是否包含另一个字符串	'H' in a 输出结果：True
not in	检查一个字符串是否不包含另一个字符串	'M' not in a 输出结果：True

将上述字符串运算符放入一个程序中的代码如下：

```
a = "Hello"
b = "Python"
print("a + b 输出结果：", a + b)
print("a * 2 输出结果：", a * 2)
print("a[1] 输出结果：", a[1])
print("a[1:4]输出结果：", a[1:4])
if( "H" in a):
    print("H 在变量 a 中")
else:
    print("H 不在变量 a 中")
if( "M" not in a) :
    print("M 不在变量 a 中")
else:
    print("M 在变量 a 中")
```

运行结果如图 3 - 32 所示。

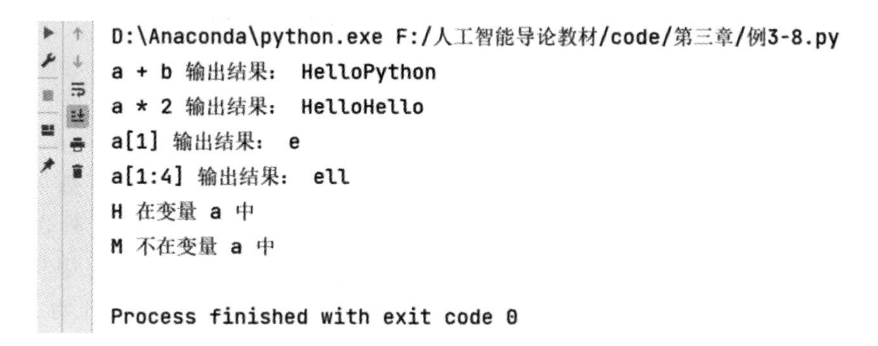

图 3 - 32 代码运行结果

4. 字符串的内建函数

Python 中有很多与字符串相关的内建函数，常用字符串的内建函数如表 3 - 6 所示。

表 3 - 6 常用字符串的内建函数

内建函数	描 述
str. upper()	返回字符串的大写版本
str. lower()	返回字符串的小写版本
str. capitalize()	返回字符串的首字母大写版本
str. title()	返回字符串中每个单词的首字母大写版本
str. strip()	返回移除字符串两侧空白字符的版本
str. startswith(prefix)	检查字符串是否以指定的前缀开头，返回布尔值
str. endswith(suffix)	检查字符串是否以指定的后缀结尾，返回布尔值
str. find(sub)	返回子字符串在字符串中第一次出现的索引，如果没有找到返回 －1
str. replace(old, new)	返回将字符串中所有旧子字符串替换为新子字符串的版本
str. split(separator)	返回一个列表，其中包含使用分隔符分割的字符串的所有部分
str. join(iterable)	将可迭代对象中的字符串连接起来，中间使用当前字符串作为连接符
str. isdigit()	检查字符串是否只包含数字字符，返回布尔值
str. isalpha()	检查字符串是否只包含字母字符，返回布尔值
str. isalnum()	检查字符串是否只包含字母和数字字符，返回布尔值
str. islower()	检查字符串中的所有字母是否都是小写，返回布尔值
str. isupper()	检查字符串中的所有字母是否都是大写，返回布尔值
str. isspace()	检查字符串是否只包含空白字符，返回布尔值

这些内建函数为处理字符串提供了极大的便利。使用 Python 语言时，不用自己编写程序来处理字符串，应该充分利用这些内建函数来完成相应的功能。

3.3.3 列表

列表(List)是 Python 中使用最频繁的数据类型之一。它可以完成大多数集合类的数据结构实现，支持存储字符、数字、字符串，甚至可以包含其他列表(即嵌套列表)。列表用方括号 [ ] 标识，是 Python 最通用的复合数据类型之一。列表具有与字符串相似的索引和切片机制。从左到右的索引默认从 0 开始，从右到左的索引默认从 −1 开始。可以使用切片操作：

变量[开始索引:结束索引:步长]

对列表进行切片，从而截取相应的子列表。

1. 列表的创建

创建一个列表，可以用方括号，也可以通过 List(序列)函数把一个序列转换成一个列表。

```
list1=list('hello')
list2 = [1, 2, 3, 4, 5 ]
print(list1)
print(list2)
```

运行结果如图 3-33 所示。

```
D:\Anaconda\python.exe F:/人工智能导论教材/code/第三章/例3-9.py
['h', 'e', 'l', 'l', 'o']
[1, 2, 3, 4, 5]

Process finished with exit code 0
```

图 3-33 代码运行结果

2. 列表的访问

可以使用下标索引来访问列表中的元素，也可以使用类似于字符串切片运算的形式截取列表中的元素。

```
L=['Baidu', 'Ali', 'Tengxun']
print(L[2])
print(L[-2])
print(L[1:])
```

运行结果如图 3-34 所示。

```
D:\Anaconda\python.exe F:/人工智能导论教材/code/第三章/例3-10.py
Tengxun
Ali
['Ali', 'Tengxun']

Process finished with exit code 0
```

图 3-34　代码运行结果

3. 列表中元素赋值、删除

列表中元素赋值格式为

a[索引号]=值

元素删除格式为

del a[索引号]

元素赋值、删除的代码如下：

```
list1=['h', 'e', 'l', 'l', 'o']
del list1[2]          #元素删除
print(list1)
list1[2]='t'          #元素赋值
print(list1)
```

运行结果如图 3-35 所示。

```
D:\Anaconda\python.exe F:/人工智能导论教材/code/第三章/例3-11.py
['h', 'e', 'l', 'o']
['h', 'e', 't', 'o']

Process finished with exit code 0
```

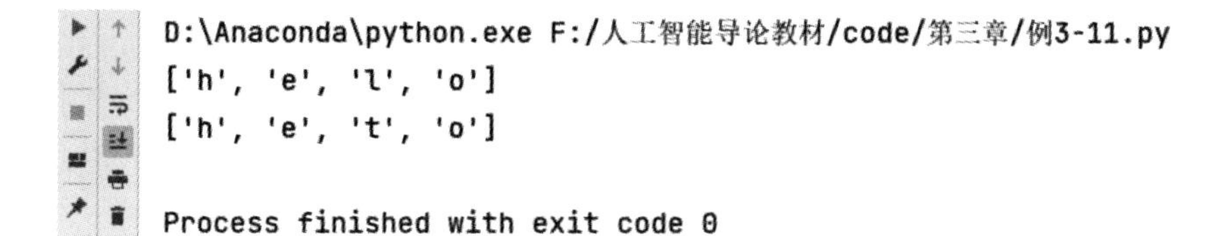

图 3-35　代码运行结果

4. 列表的操作符

列表的操作符可以用于对列表进行合并、重复等操作，使列表的操作更加灵活和方便。列表对＋和 * 的操作与字符串相似。“＋”号用于组合列表，“ * ”号用于重复列表。列表操作符如表 3-7 所示。

表 3-7　列表中＋和 * 的用法

表达式	结　果	描　述
len([1, 2, 3])	3	求长度(即列表中元素的个数)
[1, 2, 3] +[4, 5, 6]	[1, 2, 3, 4, 5, 6]	组合(即拼接)
['Hello'] * 4	['Hello', 'Hello', 'Hello', 'Hello']	重复
3 in [1, 2, 3]	True	元素是否存在于列表中

5. 列表的方法

Python 列表中的方法如表 3-8 所示。

表 3-8 常用的列表方法

方　法	描　述
append()	在列表末尾添加一个新元素
extend()	将另一个列表中的所有元素添加到当前列表的末尾
insert()	在指定位置插入一个新元素
remove()	移除列表中第一个匹配的元素
pop()	移除并返回指定位置的元素。如果未指定索引，则移除并返回最后一个元素
clear()	移除列表中的所有元素
index()	返回列表中第一个匹配元素的索引
count()	返回指定元素在列表中出现的次数
sort()	对列表进行原地排序。可以指定 reverse=True 来进行逆序排序
reverse()	将列表中的元素倒序排列

这些方法使对列表进行添加、删除、查找、排序等操作变得更加方便和高效。

```
list1=['h', 'e', 'l', 'l', 'o']
#给列表 list1 的 n 索引位置插入一个元素 m。
#list1.insert(n, m)
list1.insert(2, 't')
print(list1)
#在列表的最后添加元素 m。
#list1.append(m)
list1.append('q')
print(list1)
#返回 list1 列表中元素 m 第一次出现的索引位置。
#list1.index(m)
print(list1.index('e'))
#删除 list1 中的第一个 m 元素。
#list1.remove(m)
list1.remove('e')
print(list1)
#将列表 list1 从大到小排列。
#list1.sort()
list1.sort()
print(list1)
```

运行结果如图 3 - 36 所示。

```
D:\Anaconda\python.exe F:/人工智能导论教材/code/第三章/例3-12.py
['h', 'e', 't', 'l', 'l', 'o']
['h', 'e', 't', 'l', 'l', 'o', 'q']
1
['h', 't', 'l', 'l', 'o', 'q']
['h', 'l', 'l', 'o', 'q', 't']

Process finished with exit code 0
```

图 3 - 36　代码运行结果

6. 列表的内建函数

Python 列表中的内建函数如表 3 - 9 所示。

表 3 - 9　列表的内建函数

内建函数	描　述
len()	返回列表中元素的个数
max()	返回列表中的最大值
min()	返回列表中的最小值
sum()	返回列表中所有元素的总和
sorted()	返回一个对列表进行排序后的新列表，不修改原列表
reversed()	返回一个将列表元素倒序排列的迭代器，不修改原列表

内建函数提供了方便的方法让用户可以对列表进行操作，包括获取列表长度、查找最大值和最小值、计算总和以及对列表进行排序和倒序排列。

3.3.4 元组

元组与列表类似，都是由一系列按照特定顺序排列的元素组成的，但是元组是不可变序列，不支持增加、修改和删除操作。创建元组可以通过两种方式，一种是直接使用圆括号()进行创建，另一种是使用 tuple()函数进行创建。

1. 通过圆括号“()”创建元组

通过圆括号“()”创建元组的代码如下：

```
tuple01 = ("Python", 1, 2)
tuple02 = (1, )
tuple03 = ()
print("tuple01 为：", tuple01)
print("tuple02 为：", tuple02)
print("tuple03 为：", tuple03)
```

运行结果如图 3 - 37 所示。

```
D:\Anaconda\python.exe F:/人工智能导论教材/code/第三章/例3-13.py
tuple01为:  ('Python', 1, 2)
tuple02为:  (1,)
tuple03为:  ()

Process finished with exit code 0
```

图 3-37 代码运行结果

2. 通过 tuple()函数创建元组

通过 tuple()函数创建元组的代码如下：

```
tuple01 = tuple()                    #创建空元组
tuple02 = tuple("python")            #将字符串转换为元组
tuple03 = tuple([1, 2, 3, 4, 5])     #将列表转换为元组
print("tuple01 为：", tuple01)
print("tuple02 为：", tuple02)
print("tuple03 为：", tuple03)
```

运行结果如图 3-38 所示。

```
D:\Anaconda\python.exe F:/人工智能导论教材/code/第三章/例3-14.py
tuple01为:  ()
tuple02为:  ('p', 'y', 't', 'h', 'o', 'n')
tuple03为:  (1, 2, 3, 4, 5)

Process finished with exit code 0
```

图 3-38 代码运行结果

3. 元组的访问

使用索引和切片来访问元组中元素的代码如下：

```
tuple01 = tuple("python")
tuple02 = tuple([1, 2, 3, 4, 5])
print("tuple01[0]为：", tuple01[0])
print("tuple02[1:4]为：", tuple02[1:4])
```

运行结果如图 3-39 所示。

```
D:\Anaconda\python.exe F:/人工智能导论教材/code/第三章/例3-15.py
tuple01[0]为:  p
tuple02[1:4]为:  (2, 3, 4)

Process finished with exit code 0
```

图 3-39 代码运行结果

3.3.5 字典

字典是一种映射类型，每个元素都是一个键值对，表示一个属性和它对应的值。键值对中的键(key)表示属性，值(value)表示属性的内容。字典以花括号“{}”表示，其中的元素均为键值对形式，每个键值对由键和值组成，用冒号“:”进行分隔，不同键值对之间用逗号“,”进行分隔。字典中的键必须是不可变的数据类型，如数字、字符串和元组，且键不能重复；而值可以是任意数据类型，且可以重复。

1. 通过“{}”创建字典

通过“{}”创建字典的代码如下：

```
student_dict = {"name":"小信", "stu_id":"202301", "grade":"大一"}
print(student_dict)
```

运行结果如图 3-40 所示。

```
D:\Anaconda\python.exe F:/人工智能导论教材/code/第三章/例3-16.py
{'name': '小信', 'stu_id': '202301', 'grade': '大一'}

Process finished with exit code 0
```

图 3-40　代码运行结果

2. 通过 dict()函数创建字典

通过 dict()函数创建字典的代码如下：

```
student_list = [("name", "小信"), ("stu_id", "202301"), ("grade", "大一")]
student_dict1 = dict(student_list)
print(student_dict1)
student_dict2 = dict(name="小智", stu_id="202302", grade="大二")
print(student_dict2)
```

运行结果如图 3-41 所示。

```
D:\Anaconda\python.exe F:/人工智能导论教材/code/第三章/例3-17.py
{'name': '小信', 'stu_id': '202301', 'grade': '大一'}
{'name': '小智', 'stu_id': '202302', 'grade': '大二'}

Process finished with exit code 0
```

图 3-41　代码运行结果

3. 字典的访问

把相应的键放入方括号内，即可得到相应的值。

```
student_dict = {"name":"小信", "stu_id":"202301", "grade":"大一"}
print(student_dict["name"])
```

运行结果如图 3-42 所示。

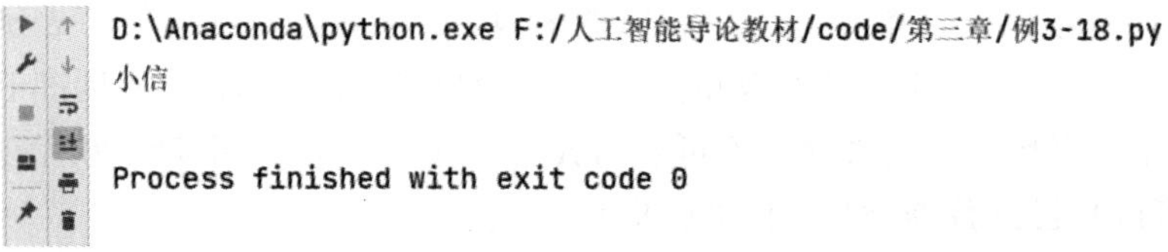

```
D:\Anaconda\python.exe F:/人工智能导论教材/code/第三章/例3-18.py
小信

Process finished with exit code 0
```

图 3-42 代码运行结果

4. 字典的添加与修改

向字典添加新的键值对，便向字典中添加了新的内容。字典的添加与修改代码如下：

```
student_dict = {"name":"小信", "stu_id":"202301", "grade":"大一"}
student_dict["name"]="小软"
student_dict["School"]="SDXX"
print(student_dict["name"])
print(student_dict["School"])
```

运行结果如图 3-43 所示。

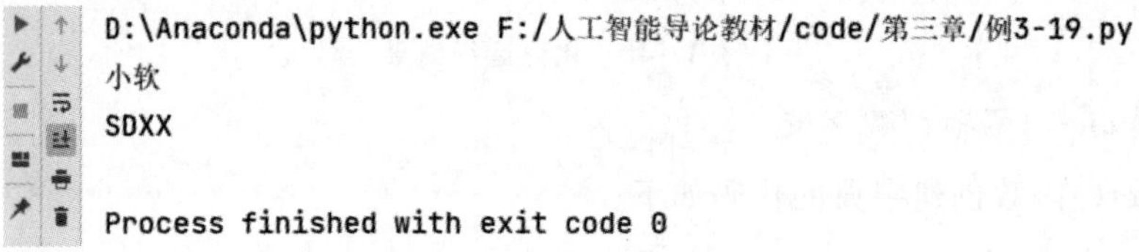

```
D:\Anaconda\python.exe F:/人工智能导论教材/code/第三章/例3-19.py
小软
SDXX

Process finished with exit code 0
```

图 3-43 代码运行结果

5. 字典元素的删除

Python 的字典中，既能删除字典中的单一元素，也能将整个字典清空。删除字典中的一个元素用 del 命令，清空整个字典则使用 clear()命令。

```
my_dict = {'a': 1, 'b': 2, 'c': 3}
del my_dict['a']
print(my_dict)  #输出：{'b': 2, 'c': 3}
my_dict.clear()
print(my_dict)  #输出：{}
```

运行结果如图 3-44 所示。

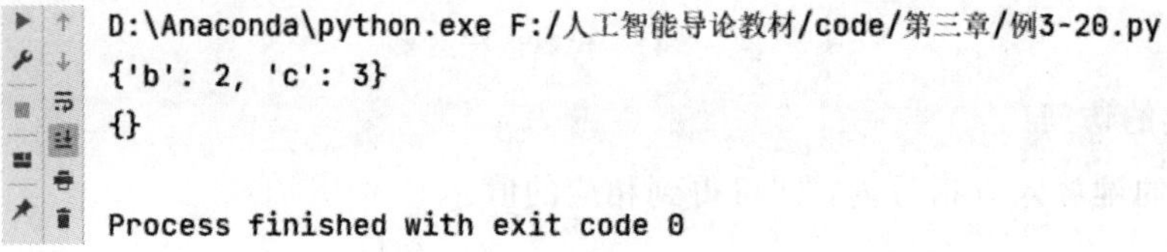

```
D:\Anaconda\python.exe F:/人工智能导论教材/code/第三章/例3-20.py
{'b': 2, 'c': 3}
{}

Process finished with exit code 0
```

图 3-44 代码运行结果

3.3.6 集合

集合是 Python 的基本数据类型之一，用于将不同的元素组合在一起。集合中的成员称为集合的元素。在一个集合中，不能有相同的元素。

1. 集合的创建

集合的创建有两种方式。第一种方式是直接使用花括号“{}”创建，元素之间用逗号“,”隔开。第二种方式是使用 set() 函数创建，通过该函数可以将其他数据类型转换为集合。通过 set()函数创建集合的代码如下：

```
set01 = {"小信","小智"}
set02 = set("rengongzhineng")
set03 = set(("小信","小智"))
set04 = set(["小信","小智"])
set05 = set({"小信":19,"小智":18})
print("set01:", set01)
print("set02:", set02)
print("set03:", set03)
print("set04:", set04)
print("set05:", set05)
```

运行结果如图 3-45 所示。

```
D:\Anaconda\python.exe F:/人工智能导论教材/code/第三章/例3-21.py
set01: {'小信', '小智'}
set02: {'e', 'i', 'r', 'n', 'z', 'g', 'h', 'o'}
set03: {'小信', '小智'}
set04: {'小信', '小智'}

Process finished with exit code 0
```

图 3-45　代码运行结果

2. 集合元素的添加

向集合中添加元素使用 add()方法，代码如下：

```
language_set = {"汉语","英语","法语"}
language_set.add("俄语")
print(language_set)
```

运行结果如图 3-46 所示。

```
D:\Anaconda\python.exe F:/人工智能导论教材/code/第三章/例3-22.py
{'汉语', '英语', '俄语', '法语'}

Process finished with exit code 0
```

图 3-46　代码运行结果

3. 集合元素的删除

集合中删除元素的两种常用方法是 remove() 和 discard()。这两种方法都可以用于删除集合中的元素，区别在于如果要删除的元素不存在于集合中，remove() 方法会抛出 KeyError 异常；而 discard() 方法不会抛出异常，直接执行删除操作。

```
language_set = {"汉语","英语","法语"}
language_set.discard("英语")
print(language_set)
language_set.remove("法语")
print(language_set)
```

运行结果如图 3-47 所示。

```
D:\Anaconda\python.exe F:/人工智能导论教材/code/第三章/例3-23.py
{'汉语', '法语'}
{'汉语'}

Process finished with exit code 0
```

图 3-47 代码运行结果

4. 集合的运算

集合的 4 种基本操作为交集(&)、并集(|)、差集(—)、对称差集(^)，如图 3-48 所示。

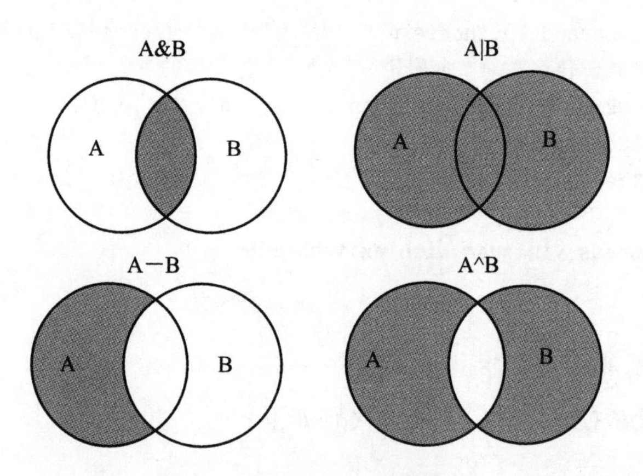

图 3-48 集合的基本操作

```
set01={1, 2, 3, 4}
set02={3, 4, 5, 6}
print("set01&set02:", set01&set02)          #交集
print("set01|set02:", set01|set02)          #并集
print("set01-set02:", set01-set02)          #差集
print("set01^set02:", set01^set02)          #对称差集
```

运行结果如图 3-49 所示。

```
D:\Anaconda\python.exe F:/人工智能导论教材/code/第三章/例3-24.py
set01&set02: {3, 4}
set01|set02: {1, 2, 3, 4, 5, 6}
set01-set02: {1, 2}
set01^set02: {1, 2, 5, 6}

Process finished with exit code 0
```

图 3-49　代码运行结果

3.4 Python 条件与循环

Python 提供了三种主要的控制结构：顺序结构、选择结构和循环结构。顺序结构是最基本的执行流程，也是默认的程序执行流程。在顺序结构中，语句按照从上到下的顺序依次执行，即从第一条语句开始，顺序执行到最后一条语句。选择结构允许程序根据条件判断选择执行不同的路径。根据条件判断的结果，程序执行相应路径下的程序代码。选择结构通常使用 if、elif 和 else 关键字实现。循环结构用于在满足条件时反复执行某项任务。循环结构允许程序重复执行特定的代码块，直到满足退出循环的条件。常见的循环结构有 for 循环和 while 循环。顺序结构、选择结构和循环结构是构成程序的三种基本结构，它们可以组合使用来实现复杂的算法和逻辑。

顺序结构是构成程序的主要结构，Python 中描述顺序结构的语句包括输入语句、计算语句和输出语句三种，这里不再进行单独描述。

3.4.1 选择结构

1. 单分支 if 语句

单分支的 if 语句用于根据一个条件来决定程序是否执行某些操作。其基本语法格式如下：

```
if 条件表达式:
    语句块
```

在这个语法中，if 是关键字，条件表达式是必需的，条件表达式可以是一个逻辑表达式或者可以转换为逻辑值的其他类型表达式。语句块由一条或多条语句组成，多条语句之间使用换行进行分隔。这个语句块代表当条件表达式为真时要执行的程序内容。需要注意的是，语句块与 if 语句的语法缩进必须相同，通常缩进为 4 个字符。另外，条件表达式后面的冒号(:)是必需的。如果条件表达式的值为 True，则执行语句块中的内容；否则，不执行语句块中的任何内容，并跳过该语句块继续执行下一条语句。

从键盘输入圆的半径，如果半径大于或等于 0，则计算并输出圆的面积和周长。实现该功能的代码如下：

```
r = int(input("请输入圆的半径:"))
if r>=0:
    d = 2*3.14*r
    s = 3.14*r**2
    print(f'圆的周长={d},圆的面积={s}')
```

运行结果如图 3-50 所示。

```
D:\Anaconda\python.exe F:/人工智能导论教材/code/第三章/例3-25.py
请输入圆的半径:3
圆的周长=18.84,圆的面积=28.26

Process finished with exit code 0
```

图 3-50 代码运行结果

2. 双分支 if/else 语句

双分支 if/else 语句的语法格式如下：

```
if 条件表达式:
    语句块 1
else:
    语句块 2
```

从键盘输入年份，如果年份能被 400 整除，或者能被 4 整除但不能被 100 整除，则输出是闰年，否则输出不是闰年。

```
year=int(input("请输入年份"))
if year%400==0 or (year%4==0 and year%100!=0):
    print(f'{year}年是闰年')
else:
    print(f'{year}年不是闰年')
```

运行结果如图 3-51 所示。

```
D:\Anaconda\python.exe F:/人工智能导论教材/code/第三章/例3-26.py
请输入年份2000
2000年是闰年

Process finished with exit code 0
```

图 3-51 代码运行结果

3. 多分支 if/elif/else 语句

多分支 if/elif/else 语句的语法格式如下：

```
if 条件表达式 1:
    语句块 1
```

elif 条件表达式 2：
　　语句块 2
…
else：
　　语句块 N

根据输入的 0～100 的整型数，给出五级分制的结果输出。

```
score = int(input("请输入课程的成绩数值"))
if score >= 90:
    print("优秀")
elif score >= 80:
    print("良好")
elif score >= 70:
    print("中等")
elif score >= 60:
    print("及格")
else:
    print("不及格")
```

运行结果如图 3-52 所示。

```
D:\Anaconda\python.exe F:/人工智能导论教材/code/第三章/例3-27.py
请输入课程的成绩数值89
良好

Process finished with exit code 0
```

图 3-52　代码运行结果

3.4.2 循环结构

循环语句可以让程序重复执行某些语句。根据循环执行次数的确定性，循环可以分为非确定次数循环和确定次数循环。

非确定次数循环是指循环体的执行次数不确定，需要根据条件判断，直到条件不满足时才结束的循环。这种循环通常通过 while 语句实现，称为条件循环。

确定次数循环是指循环体对循环次数有明确的定义，循环执行的次数是确定的。这种循环通常通过 for 语句实现，用于遍历循环，例如遍历列表中的元素。

1. while 语句

while 语句即 while 循环，其语法格式如下：

while 表达式：
　　循环体

while 循环是一种程序结构，其功能是每次程序执行 while 循环时，都会判断条件表达式是否成立，当条件表达式为 True 时反复执行循环体内的语句，直到条件表达式的值变为 False 才结束循环。

用 while 循环结构设计编写一个计算 10! 的程序。

```
i, result = 1 , 1
while i < 10:
    i += 1
    result *= i
print("10! 的值为:", result)
```

运行结果如图 3-53 所示。

```
D:\Anaconda\python.exe F:/人工智能导论教材/code/第三章/例3-28.py
10!的值为:  3628800

Process finished with exit code 0
```

图 3-53 代码运行结果

2. for 语句

for 循环结构通过遍历一个序列，例如字符串、列表、元组、range 对象等可迭代对象中的每个元素来建立循环。

其语法格式如下：

for 变量 in 序列或迭代器等可迭代对象：

    循环体

for 循环程序结构的功能是让变量遍历序列或迭代器等可迭代对象中的每个值。每取一个值，执行循环体语句，然后返回，再取下一个值，再判断，直到遍历完成，退出循环。序列可以是列表、元组或字符串等。

用 for 循环结构设计编写一个计算 10! 的程序。

```
result = 1
for i in range(1, 11):
    result *= i
print(result)    #输出: 3628800
```

运行结果如图 3-54 所示。

```
D:\Anaconda\python.exe F:/人工智能导论教材/code/第三章/例3-29.py
3628800

Process finished with exit code 0
```

图 3-54 代码运行结果

范围函数 range (start，stop，[step])所表示的计数范围从 start 开始到 stop－1 结束。step 为计数变化的步长值，默认为 1。例如，程序中的 range (1，11)的步长值为 1，表示 1～10 的整数。

3. 循环嵌套

Python 程序设计允许在一个循环体中嵌套另一个循环体。对于 while 循环和 for 循环，两种循环语句可以自身嵌套，也可以相互嵌套，嵌套的层次没有限制。在循环嵌套执行时，每执行一次外层循环，其内层循环必须在循环执行结束后才能进入外层循环的下一次循环。在设计嵌套程序时，需要注意：在一个循环体内包含另一个完整的循环结构。

编写一个输出“9×9 乘法表”的程序，代码如下：

```
for i in range(1, 10):
    for j in range(1, i+1):
        print(j, "*", i, "=", j*i, end="\t")
    print()
```

运行结果如图 3－55 所示。

```
D:\Anaconda\python.exe F:/人工智能导论教材/code/第三章/例3-30.py
1 * 1 = 1
1 * 2 = 2	2 * 2 = 4
1 * 3 = 3	2 * 3 = 6	3 * 3 = 9
1 * 4 = 4	2 * 4 = 8	3 * 4 = 12	4 * 4 = 16
1 * 5 = 5	2 * 5 = 10	3 * 5 = 15	4 * 5 = 20	5 * 5 = 25
1 * 6 = 6	2 * 6 = 12	3 * 6 = 18	4 * 6 = 24	5 * 6 = 30	6 * 6 = 36
1 * 7 = 7	2 * 7 = 14	3 * 7 = 21	4 * 7 = 28	5 * 7 = 35	6 * 7 = 42	7 * 7 = 49
1 * 8 = 8	2 * 8 = 16	3 * 8 = 24	4 * 8 = 32	5 * 8 = 40	6 * 8 = 48	7 * 8 = 56	8 * 8 = 64
1 * 9 = 9	2 * 9 = 18	3 * 9 = 27	4 * 9 = 36	5 * 9 = 45	6 * 9 = 54	7 * 9 = 63	8 * 9 = 72	9 * 9 = 81
```

图 3－55　代码运行结果

4. 跳转语句 break 和 continue

在循环体内，通常可以放置 break 语句和 continue 语句，它们通常用于控制循环的执行流程。break 语句的作用是立即结束当前循环，使整个循环提前结束；而 continue 语句的作用是跳过当前循环体内 continue 语句后面的语句，直接进入下一次循环。

编写一个输出 1～10 的程序，代码如下：

```
i=1
while 1:
    print(i)
    i=i+1
    if i>10:
        break
```

运行结果如图 3－56 所示。

```
D:\Anaconda\python.exe F:/人工智能导论教材/code/第三章/例3-31.py
1
2
3
4
5
6
7
8
9
10

Process finished with exit code 0
```

图 3-56　代码运行结果

编写一个输出 1～10 的偶数程序，代码如下：

```
i=1
while i<10:
    i=i+1
    if i%2! =0:
        continue
    print(i)
```

运行结果如图 3-57 所示。

```
D:\Anaconda\python.exe F:/人工智能导论教材/code/第三章/例3-32.py
2
4
6
8
10

Process finished with exit code 0
```

图 3-57　代码运行结果

3.5　Python 函数

函数是一段具有特定书写格式的代码段，它具有可重复使用的特性，用来实现单一或相关联功能。函数可以用来构建更大的程序的一部分。函数通过函数名表示，并通过函数名进行功能调用。用户可以在需要的地方调用执行函数，而不需要在每次执行时重复编写这些代码。每次使用函数时，可以提供不同的参数作为输入，以实现对不同数据的处理；函数执行后，可以返回相应的处理结果。

Python 提供了许多内置函数，如 str()、list()、print()、range()等；但用户也可以根据自身需求定义或创建函数，这种函数称为用户自定义函数。本节重点介绍自定义函数。

3.5.1 函数的定义规则

Python 自定义函数的语法格式如下：

def 函数名(参数列表)：

　　函数体代码

　　[return [返回值列表]]

说明：

(1) def 是定义函数的关键字，它的简写来自英文单词"define"。函数名可以是任何有效的 Python 标识符。通常情况下，函数名使用小写字母。如果想提高可读性，可以使用下画线分隔单词。

(2) 函数的参数列表用于接收调用该函数时传递给它的值，参数列表放在一对圆括号中。参数的个数可以是零个、一个或多个，多个参数之间用逗号分隔，这些参数称为形式参数，简称为"形参"。函数的形参无需声明类型，完全由调用者传递的实参类型以及 Python 解释器的理解和推断决定。即使函数不需要接收任何参数，也必须保留一对空的圆括号。

(3) 参数列表以冒号结束，冒号必须使用英文输入法输入。

(4) 冒号后面的所有缩进行构成了函数体。函数体是函数每次被调用时执行的代码，由一行或多行语句组成。函数体相对 def 关键字必须保持一定的缩进。

(5) 当需要返回值时，使用关键字 return 和返回值列表。执行 return 语句会结束对函数的调用，并返回指定的返回值。否则，函数可以没有 return 语句，在函数体结束位置将控制权返回给调用者。

3.5.2 函数的调用

Python 中的函数调用非常简单，只需要给函数名加上一对圆括号，圆括号内可以放置实际参数列表(如果函数定义参数)。以下是函数调用的基本格式：

函数名(实际参数列表)

其中，函数名是需要调用的函数的名称。实际参数列表是实际传递给函数的参数值，可以有零个、一个或多个参数，多个参数之间用逗号分隔。

编写一个计算矩形面积的函数代码如下：

```
def cal_square(length, width):
    seq=length * width
    return seq
result = cal_square(4, 3)
print(result)
```

运行结果如图 3－58 所示。

```
D:\Anaconda\python.exe F:/人工智能导论教材/code/第三章/例3-33.py
12

Process finished with exit code 0
```

图 3－58 代码运行结果

编写一个函数，求一个三位数百、十、个位上的值。

```
def cal_digit(number):
    high = number // 100
    mid = number // 10 % 10
    low = number % 10
    return high, mid, low
result = cal_digit(543)
print(result)
a, b, c = cal_digit(543)
print(a, b, c)
```

运行结果如图 3－59 所示。

```
D:\Anaconda\python.exe F:/人工智能导论教材/code/第三章/例3-34.py
(5, 4, 3)
5 4 3

Process finished with exit code 0
```

图 3－59 代码运行结果

3.5.3 函数的参数

1. 位置参数

位置参数(Positional Arguments)是最常见的参数类型，也是默认的参数传递方式。在函数定义中，参数按照顺序声明；调用函数时，按照相同的顺序传递参数。

```
def greet(name, message):
    return f"Hello, {name}! {message}"


#调用函数时，按照位置顺序传递参数
print(greet("Alice", "How are you?"))
```

运行结果如图 3－60 所示。

```
D:\Anaconda\python.exe F:/人工智能导论教材/code/第三章/例3-35.py
Hello, Alice! How are you?

Process finished with exit code 0
```

图 3-60　代码运行结果

2. 默认值参数

在函数定义时，为参数提供默认值。如果调用函数时没有为默认参数提供值，则使用默认值。

```
def greet(name, message="How are you?"):
    return f "Hello, {name}! {message}"

#可以只传递一个参数，使用默认值
print(greet("Alice")) #输出: Hello, Alice! How are you?

#也可以覆盖默认值
print(greet("Alice", "Nice to meet you!"))
```

运行结果如图 3-61 所示。

```
D:\Anaconda\python.exe F:/人工智能导论教材/code/第三章/例3-36.py
Hello, Alice! How are you?
Hello, Alice! Nice to meet you!

Process finished with exit code 0
```

图 3-61　代码运行结果

3. 关键字参数

在函数调用中，通过参数名来显式指定参数的值。这种方式可以改变参数的顺序，而不需要按照顺序传递所有参数。

```
def greet(name, message):
    return f"Hello, {name}! {message}"

#通过参数名显式指定参数的值
print(greet(message="How are you?", name="Alice"))
```

运行结果如图 3-62 所示。

```
D:\Anaconda\python.exe F:/人工智能导论教材/code/第三章/例3-37.py
Hello, Alice! How are you?

Process finished with exit code 0
```

图 3-62　代码运行结果

4. 可变长度参数

在函数定义时，使用“*”或“**”来定义可变参数。*args 表示接收任意数量的位置参数(以元组形式)，**kwargs 表示接收任意数量的关键字参数(以字典形式)，其代码及运行结果分别如下：

```
def favorite_language(*languages):
    print(languages)
favorite_language("Python")
favorite_language("C", "C++", "Python")
```

运行结果如图 3-63 所示。

```
D:\Anaconda\python.exe F:/人工智能导论教材/code/第三章/例3-38.py
('Python',)
('C', 'C++', 'Python')

Process finished with exit code 0
```

图 3-63 代码运行结果

```
def personinfo(**info):
    return info
result = personinfo(id=1, name="小信", age=19, grade="大二")
print(result)
```

运行结果如图 3-64 所示。

```
D:\Anaconda\python.exe F:/人工智能导论教材/code/第三章/例3-39.py
{'id': 1, 'name': '小信', 'age': 19, 'grade': '大二'}

Process finished with exit code 0
```

图 3-64 代码运行结果

3.6 Python 类与模块

3.6.1 类与对象

Python 是一种面向对象的编程语言，因此类和对象在 Python 中扮演着非常重要的角色。在 Python 中，类(class)是用来创建对象(object)的蓝图或模板，而对象则是类的实例。类定义了对象的行为和属性。一个类的对象也叫一个类的实例。比如，类是一个模具，对象就是用这个模具造出来的具有相同属性和方法的具体事物。用模具造一个具体事物就

叫类的实例化。

一个类包含了类声明和类体。类声明以关键字 class 开始，后面跟着类的名称，通常以大写字母开头。类体包含成员变量和成员方法，成员方法与普通函数的定义类似，但通常称为方法。在类体中，self 代表类的实例。

创建类的对象需要在类名后面加上一对括号的形式，例如，对象名 = 类名()。

调用类的成员方法需要通过类的对象来实现，调用格式为：对象名.方法名()。

编写一个计算两数之和的类。

```
class Myclass:
    def sum(self, x, y):
        self.x = x
        self.y = y
        return self.x + self.y


obj = Myclass()
s = obj.sum(3, 5)
print('s =', s)
```

在类的定义中，方法 sum(self, x, y) 中的参数 self 表示类对象本身，self.x = x 将参数 x 的值赋给类成员变量 x。为了区分参数和成员变量，在成员变量 x 前面添加了 self。

运行结果如图 3-65 所示。

```
D:\Anaconda\python.exe F:/人工智能导论教材/code/第三章/例3-40.py
s = 8

Process finished with exit code 0
```

图 3-65　代码运行结果

3.6.2　类的公有成员和私有成员

在 Python 程序中，定义的成员变量和方法默认都是公有的，这意味着类之外的任何代码都可以自由访问这些成员。但是，如果在成员变量和方法名之前加上双下画线“__”作为前缀，则该变量或方法就成为类的私有成员。私有成员只能在类的内部调用，而类外的任何代码都无法访问这些成员。

```
class testPrivate:
    def __init__(self, x, y):
        self.__x = x
        self.__y = y
```

```
    def add(self):
        self.__s = self.__x + self.__y
        return self.__s

    def printData(self):
        print(self.__s)

t = testPrivate(3, 5)  #创建类对象
s = t.add()
t.printData()
print('s = ', s)
```

运行结果如图 3-66 所示。

```
D:\Anaconda\python.exe F:/人工智能导论教材/code/第三章/例3-41.py
8
s =  8

Process finished with exit code 0
```

图 3-66　代码运行结果

3.6.3 类的构造方法

在 Python 中，类的构造方法被称为 __init__()，其中，方法名以双下画线开头和结尾。构造方法是属于对象的，每个对象都有自己的构造方法。如果一个类在程序中没有定义 __init__() 方法，则系统会自动创建一个空的 __init__() 方法。如果一个类的构造方法带有参数，则在创建类对象时需要提供实参给这些参数。在程序运行时，构造方法会在创建对象时由系统自动调用，无须显式调用该方法。

编程实现设计一个员工类 Person。该类有 Name(姓名)和 Age(年龄)两个变量。

```
class Person:
    def __init__(self, Name, Age):
        self.name = Name
        self.age = Age

    def printData(self):
        print(self.name)
        print(self.age)

name = "张三"
age = 18
p = Person(name, age)
p.printData()  #调用类体中的方法
```

运行结果，如图 3－67 所示。

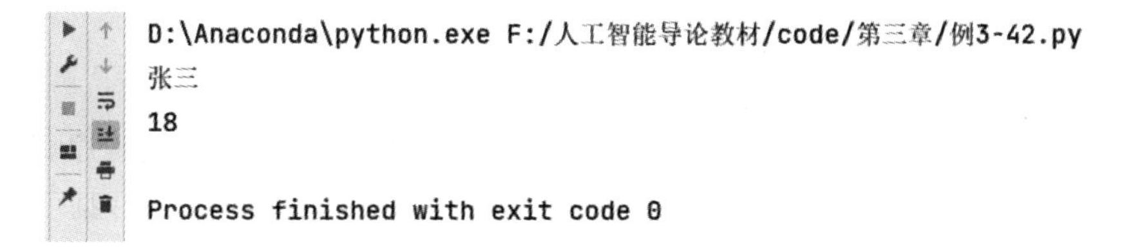

图 3－67　代码运行结果

3.6.4 析构方法

在 Python 中，析构方法被称为 __del__()，其中方法名开始和结束的下画线是双下画线。析构方法用于在 Python 系统销毁对象之前自动释放对象所占用的资源。析构方法属于对象，每个对象都有自己的析构方法。如果一个类没有定义__del__()方法，则系统会自动提供默认的析构方法。

```
class Mood:
    def __init__(self, x):
        self.x = x
        print('产生对象', x)

    def __del__(self):
        print('销毁对象', self.x)

f1 = Mood(1)
f2 = Mood(2)
del f1
del f2
```

运行结果如图 3－68 所示。

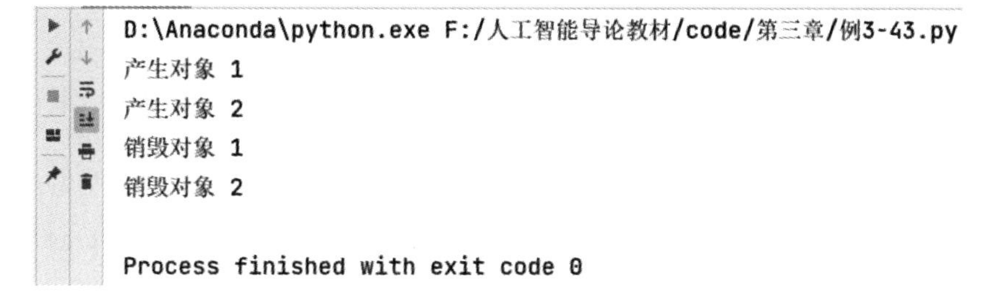

图 3－68　代码运行结果

3.6.5 模块

Python 模块是一个包含 Python 定义和语句的文件，文件名就是模块名加上 .py 后缀。模块可以包含变量定义、函数定义和类定义等，它们可以被其他 Python 程序引入和使用。

1. 函数模块

函数模块是一个包含一组相关函数定义的模块。这些函数可以被其他程序调用，以完成特定的任务。函数模块的优点在于可以将功能分解成小的可重用单元，并且可以有效地组织和维护代码。

创建函数模块示例：设有 Python 文件 myModule.py，其中包含 myMin 和 myMax 函数，分别求最小值和最大值。

```
def myMin(a, b):
    c = a
    if a > b:
        c = b
    return c

def myMax(a, b):
    c = a
    if a < b:
        c = b
    return c
```

这样，就建立了一个名为 myModule 的模块，其中的 myMin 和 myMax 函数可以供其他程序调用。

在相同的路径下新建 main1.py 文件，就可以在 main1.py 中引入 myModule 模块，调用其中的 myMin 和 myMax 函数，代码如下：

```
import myModule
min=myModule.myMin(5, 8)
max=myModule.myMax(5, 8)
print("最大值是：", max)
print("最小值是：", min)
```

运行结果如图 3-69 所示。

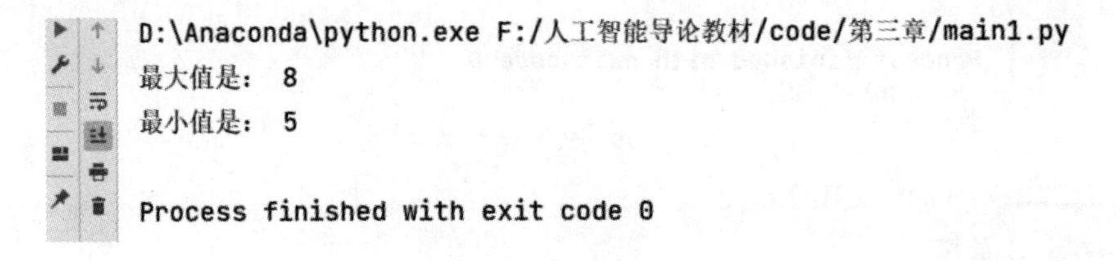

图 3-69 代码运行结果

2. 类模块

类模块与函数模块类似，将类保存为独立的 Python 文件，这个类可以被其他程序引入并实例化。

编写一个能够进行加减乘除的计算器类，设有 Python 文件 my_classes.py，其中包含加减乘除函数，代码如下：

```
class Calculator:
    def add(self, a, b):
        return a + b

    def subtract(self, a, b):
        return a - b

    def multiply(self, a, b):
      return a * b

    def divide(self, a, b):
        if b == 0:
            return "Error: Cannot divide by zero!"
        else:
            return a / b
```

在相同的路径下新建 main2.py 文件，就可以在 main2.py 中引入 my_classes 模块，调用其中的加减乘除函数，代码如下：

```
#引入模块
import my_classes

# 实例化类
calculator_instance = my_classes.Calculator()
#调用类中的方法
result_add = calculator_instance.add(3, 4)
result_subtract = calculator_instance.subtract(8, 5)
result_multiply = calculator_instance.multiply(5, 3)
result_divide = calculator_instance.divide(6, 3)

print("Addition:", result_add)
print("Subtraction:", result_subtract)
print("Multiplication:", result_multiply)
print("Division:", result_divide)
```

运行结果如图 3-70 所示。

```
D:\Anaconda\python.exe F:/人工智能导论教材/code/第三章/main2.py
Addition: 7
Subtraction: 3
Multiplication: 15
Division: 2.0

Process finished with exit code 0
```

图 3-70 代码运行结果

3. 使用 pip 安装和管理扩展模块

Python 安装第三方的模块，大多使用包管理工具 pip 进行安装。Python 包管理工具 pip 提供了对 Python 包的查找、下载、安装、卸载等功能。我们安装的 Anaconda 已经集成了 pip 模块，可以直接使用 pip 安装和管理扩展模块。常用 pip 命令如表 3-10 所示。

表 3-10 常用 pip 命令

pip 命令	说　明
pip install 包名	安装软件包
pip uninstall 包名	卸载软件包
pip list	列出已安装的软件包
pip search 包名	在 PyPI 中搜索包
pip show 包名	显示安装包信息

3.7 习　题

1. 编程题

(1) 编写一个程序，根据用户输入的年龄，判断他是否已经成年。
(2) 编写一个程序，根据用户输入的数字，判断它是正数、负数还是零。
(3) 循环打印 1～10 的所有整数。
(4) 循环计算并打印 1～10 的所有整数的和。
(5) 编写一个函数，接收两个参数并返回它们的和。
(6) 编写一个函数，接收一个列表作为参数，并返回列表中所有偶数的和。
(7) 创建一个包含 5 个整数的列表，并计算它们的平均值。

第 4 章　机器学习

机器学习(Machine Learning)是一种研究如何让计算机模仿或实现人类的学习行为，从而获取新的知识或技能，并不断优化自身性能的技术。它是人工智能的核心组成部分，在许多领域都有广泛的应用。机器学习的工作方式类似人类学习的方式。举例来说，当向孩子展示带有特定对象如小汽车、小动物等的图像时，孩子可以学会识别和区分它们。机器学习也是如此，通过输入数据和指定指令，计算机或机器人被告知某个对象是小汽车，而另一个对象不是小汽车。通过反复训练，计算机可以“学习”识别特定对象如小汽车，并最终能够准确区分“小汽车”和“非小汽车”。

当用户在互联网上浏览商品、观看视频、阅读文章时，经常会遇到各种个性化推荐。这些推荐系统运用了机器学习的原理，通过分析用户的历史行为、偏好和特征，来预测用户可能感兴趣的内容。例如，当用户在购物平台上浏览商品时，系统会根据过往购物记录和浏览行为，推荐与用户兴趣相关的商品；在视频平台上，系统会根据用户的浏览和点赞记录，为用户推荐可能喜欢的新视频。

这种个性化推荐的实现离不开机器学习中的分类、聚类、回归等算法。通过这些算法，系统能够从海量的数据中学习用户的偏好模型，并根据模型为用户提供个性化的推荐服务。机器学习的应用使推荐系统能够不断优化自身，逐渐了解用户的兴趣变化，从而提供更加精准的推荐。

4.1 机器学习的概念

本节以监督学习为例介绍机器学习的实现原理。假设我们要教计算机识别猫和狗。首先，我们准备了一堆猫和狗的照片，并告诉计算机哪些照片是猫，哪些是狗，这样计算机就可以通过这些例子来学习并建立一个模型 $f(x)$。当计算机再次看到一张新的猫或狗的照片时，它就可以利用学习到的模型来预测这张照片是猫还是狗。这就是机器学习的一般过程，如图 4－1 所示。

在这个过程中，模型 $f(x)$扮演着重要的角色，它是通过学习数据得到的；泛化能力则是指模型对新的、未曾见过的样本的适应能力。通常情况下，我们希望模型具有良好的泛化能力，这样它才能够在面对新的数据时做出准确的预测。

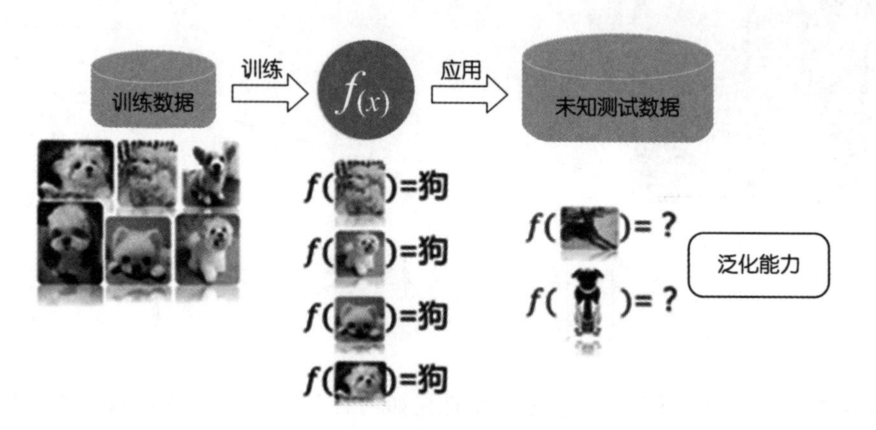

图 4-1 机器学习的一般过程

4.1.1 人工智能与机器学习的关系

人工智能和机器学习密切相关，机器学习是人工智能的一个重要分支。人工智能是一门研究如何使计算机具备智能的学科，其目的是让计算机能够像人一样进行思考、决策和学习。机器学习是实现人工智能的一种方法，它通过让计算机从数据中学习规律和模式，不断优化算法和模型，以提高其对未知数据的预测和判断能力。因此，机器学习可以被视为人工智能的一个子领域。而深度学习又是机器学习的一个子领域，它基于人工神经网络的概念，利用多层次的神经网络结构来学习复杂的特征表示。深度学习通过层层抽象和表示学习，可以处理大规模数据集和复杂的模式识别任务，因此在计算机视觉、自然语言处理等领域取得了巨大的成功。人工智能、机器学习与深度学习三者之间的关系如图 4-2 所示。

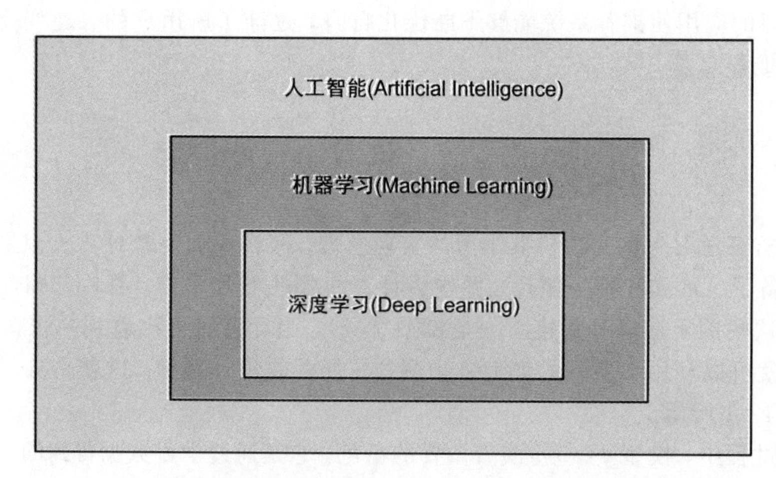

图 4-2 人工智能、机器学习与深度学习三者之间的关系

人类学习与机器学习在某些方面存在相似之处。第一，它们都是通过获取信息和经验来提升知识和技能的。人类学习通过感知、认知和理解等方式，从外界环境中获取信息，并通过实践和经验积累来提升技能；而机器学习则是通过算法和数据分析来让计算机系统

从经验中学习和改进，通过训练模型来从数据中提取模式和规律的。第二，它们都可以通过学习和训练来提高预测和决策的准确性。人类学习通过不断地学习和实践，提升认知和决策能力，从而做出更加准确的判断和决策；机器学习也是通过不断地训练和优化模型，提高对数据的理解和预测能力，实现更加精确的预测和决策。因此，虽然人类学习和机器学习存在一些本质的差异，但它们在知识获取和技能提升的目标上具有一定的相似性。人类学习与机器学习的对比如图 4-3 所示。

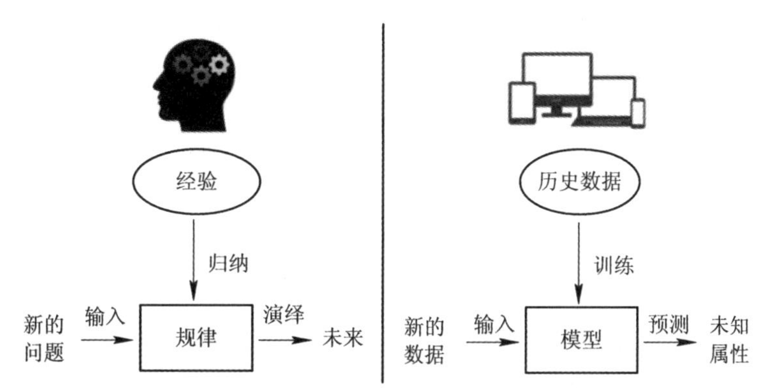

图 4-3　人类学习与机器学习的对比

4.1.2　机器学习模型的原理

机器学习是一种利用大量数据生成规则、发现模型的技术，通过训练机器从数据中学习函数，帮助我们预测、判断、分组和解决问题。与传统程序不同，机器学习不需要程序员明确地定义函数，而是通过数据训练出函数。机器学习的核心特征在于从数据中发现规律，项目实施过程通常包括数据训练、模型选择、数据预处理等步骤，最终得到一个在假设空间中最适合的拟合函数，以最小化误差度量函数，使其能够更好地适应实际输出。

在机器学习问题中，我们将问题视为拟合问题，用一个函数表示拟合结果，可能的拟合函数集合被称为假设空间 H。如果已知实际输出为 $y(x)$，那么机器学习的目标就是在假设空间 H 中寻找一个函数 $h(x)$，使该函数 $h(x)$ 与实际输出 $y(x)$ 的误差 $|y(x)-h(x)|$ 最小化。需要注意的是，这里的误差度量函数并不一定指“差的绝对值”，而是根据具体情况选择合适的度量方式。因此，机器学习的过程实质上就是在假设空间 H 中寻找一个能够逼近实际输出 y 的拟合函数 $h(x)$ 的过程。机器学习模型如图 4-4 所示。

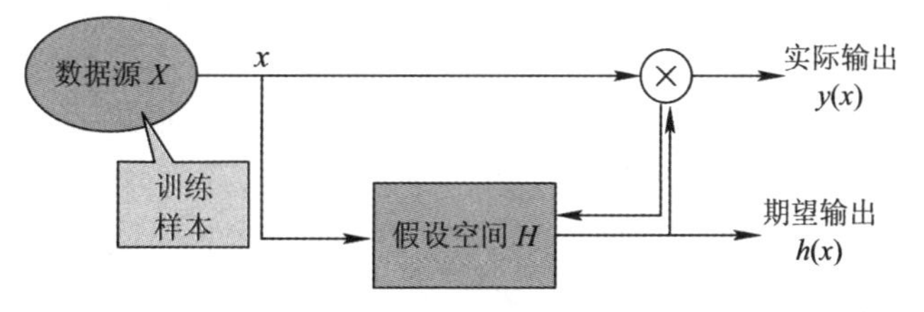

图 4-4　机器学习模型

4.1.3 机器学习模型的分类

机器学习模型的学习过程主要分为监督学习、无监督学习、半监督学习和强化学习四个主要范式。

1. 监督学习

监督学习是机器学习中最常见和最基础的一种学习模型。在监督学习中，算法通过已知输入与输出之间的关系，从标记的训练数据中学习，以预测新的输入数据的输出。简单来说，就是给定输入和对应的输出，机器学习算法通过学习这些输入/输出的关系，从而对新的输入做出合理的预测或分类。监督学习包括分类和回归两种主要类型，常见的监督学习算法包括支持向量机(Support Vector Machine，SVM)、随机森林、逻辑回归、朴素贝叶斯、决策树、KNN 等。

2. 无监督学习

无监督学习是另一种重要的学习模型，与监督学习相比，无监督学习不需要对训练数据进行标记。在无监督学习中，算法试图从数据中发现隐藏的结构或模式，以便更好地理解数据的特征和属性。无监督学习的典型应用包括聚类和降维。聚类是将数据集中的对象划分为不同的组，使同一组内的对象相似度较高，不同组之间的相似度较低。降维则是通过保留数据集中的主要信息，将高维数据转化为低维表示，以便更好地理解和可视化数据。常见的无监督学习算法包括 K 均值聚类和 PCA 降维算法。

3. 半监督学习

半监督一般是指数据集中的数据有一部分是有标签的，另一部分是没标签的，既不完全符合有监督学习的要求，也不完全符合无监督学习的要求。比如说在图像识别领域，有一组图片，手工标注出其中有猫的图片，这样的一个数据集就是一部分数据有标签，而一部分数据没标签，可以用半监督学习的方法对数据集进行训练，使一个模型能够准确从一堆图片中识别出猫。

半监督学习包含两种学习方法，一种是将没有标签的数据和有标签的数据同等对待进行训练，另一种是将没有标签的数据作为需要被预测的数据对待，两者也是有不同的。半监督学习常用在语音识别领域、自然语言处理领域以及生物学领域对蛋白质序列的分类问题。

4. 强化学习

强化学习是机器学习领域的一项技术，重点在于通过与环境的互动，实现以获得最大化的预期回报为目标的行动。在强化学习中，每一步的行动并没有明确的对错标识，而是以最终结果为导向。以下棋为例，下棋时每一步的走法都没有明确的对错，因为需要考虑全局情况。在训练机器时，机器也不知道每一步是否正确，但它知道最终的输赢结果。如果输了，机器会尝试避免之前的错误步骤；如果赢了，机器记录获胜的策略。通过不断地尝试和学习，机器可以积累经验，实现自我优化。强化学习的典型应用包括 AlphaGo 等，强化学习在资源调度、无人驾驶、服务推荐等领域也有广泛应用。

4.2 数据准备

计算机只能处理数值与运算，因此要将输入程序的事务转化为数值。单个维度的数值又不能很好地区分事物的性质，因此就要构建一个向量空间模型，将各种格式的文档转化为一个个的向量 $\boldsymbol{X}$，才能将其输入机器学习程序。包含不同维度信息的向量叫做特征向量。用变量 y 来标注特征向量 $\boldsymbol{X}$ 后的数据叫作标注样本。在数据处理中，极为重要的一步就是确定数据的特征与特征的表达方式，即“特征工程”。

数据集是指一组相关的数据样本，可以是数字、文本、图像、音频或视频等形式的数据，用于训练和测试机器学习算法和模型。数据集由数据对象组成，每个数据对象表示一个实体。例如，在选课数据库中，对象可以是教师、课程和学生；在医疗数据库中，对象可以是患者。数据对象又称为实例、样本或对象。如果数据对象存放在数据库中，则它们称为元组。一般数据库的行对应数据对象，而列对应属性。

4.2.1 数据库

以下是一些公开可用的机器学习数据库：

(1) UCI Machine Learning Repository 是机器学习领域用于对机器学习算法进行验证分析的公开数据库。这是网络上最早的数据源之一，并且已被全世界的学生、学者和研究人员广泛用作机器学习数据集的主要来源。如果想要寻找有趣的数据集，这个数据库值得优先访问，其上的数据集是由用户提供的，具有不同程度的清洁度，可以直接从该数据库下载数据，无须注册。

(2) WordNet 是一个大型的英语词汇数据库。名词(Nouns)、动词(Verbs)、形容词(Adjectives)和副词(Adverbs)被分为多组同义词(synsets)，每组表达不同的概念。同义词集之间通过概念语义和词汇关系相互关联。该数据库已经成为计算语言学和自然语言处理的有用工具，并且可以免费下载。

(3) ImageNet 是用于计算机视觉目标检测研究的大型实例图像数据库。ImageNet 中包含两万多个对象类别，例如气球、鸟等。超过一千四百万个的高清图像被手动标注，以指示图片中的物体。在至少一百万个图像中，ImageNet 还标注了图片中主要物体的定位边框。自 2010 年以来，ImageNet 项目每年举办一次计算机视觉比赛，即“ImageNet 大规模视觉识别挑战赛”(ImageNet Large Scale Visual Recognition Challenge, ILSVRC)。2012 年，卷积神经网络在解决 ImageNet 挑战方面取得了巨大的突破，被广泛认为是深度学习革命的开始。

(4) MS COCO 的全称是 Microsoft Common Objects in Context，其前身是微软于 2014 年出资标注的 Microsoft COCO 数据集。与 ImageNet 竞赛一样，MS COCO 竞赛被视为计算机视觉领域最受关注和最权威的比赛之一。COCO 数据集是一个大型的、丰富的物体检测、分割和字幕数据集，包括 91 个类别，超过三十万张图像和超过两百万个标注。

(5) MNIST(Mixed National Institute of Standards and Technology database)是一个非常简单的机器学习视觉数据集，由几万张 28×28 像素的手写数字图片集组成，只包含

图片的灰度值信息，用于图像分类。

(6) Kaggle 是一个数据科学竞赛平台，提供了大量的公开数据集供机器学习和数据科学实践使用。这些数据集涵盖了各种主题和领域，包括图像识别、自然语言处理、金融、医疗等。

(7) OpenML 是一个开放的机器学习平台，提供了大量的数据集、任务和实验结果，可以帮助机器学习研究者共享、发现和复现实验。

(8) Microsoft Research Open Data 是由微软研究院提供的一系列公开数据集，涵盖了自然语言处理、计算机视觉、社交网络分析等领域。

(9) NLP-Progress 是一个用于跟踪自然语言处理(Natural Language Processing, NLP)发展进度的数据库，包括了数据集和 NLP 任务的最新技术。

(10) Berkeley DeepDrive BDD100K 是目前最大的自动驾驶 AI 数据集。该数据集有超过十万个在一天中不同时段、不同天气条件下拍摄的共计一千一百多个小时的驾驶体验的视频。这些带注释的图像来自美国纽约和旧金山地区。

4.2.2 数据集划分

在机器学习中，数据集的划分是非常重要的一步，它涉及模型的训练、调优和评估，直接影响着最终模型的性能和泛化能力。数据集的划分通常包括训练集、验证集和测试集以及根据任务需求确定的划分标准。

1. 训练集

训练集是用于训练机器学习模型的数据集，它包含了大部分数据样本。在训练集上，机器学习模型通过学习数据样本的特征和规律来调整自己的参数和权重，以便更好地拟合数据。训练集的质量和数量直接影响着模型的训练效果和性能。

例如，如果想要训练一个分类模型，可以把训练集中的每个数据样本都标上正确的标签，然后通过训练集中的数据样本来调整模型的参数和权重，以便让模型在预测未知数据时能够正确地分类。

2. 验证集

验证集是用于调整模型的超参数和结构的数据集。超参数是需要手动设置的参数，例如学习率、正则化参数等。在训练模型时，需要调整超参数的值，以便让模型能够更好地拟合数据。验证集通常是从数据集中独立出来的一部分数据，但与测试集不同，它不用于最终评估模型的性能。我们可以使用验证集来评估不同超参数下模型的性能表现，从而找到最优的超参数组合。

3. 测试集

测试集是用于测试机器学习模型性能和准确度的数据集。测试集通常是从数据集中独立出来的一部分数据，它不参与模型的训练和调整过程。在使用机器学习模型对新数据进行预测时，需要评估模型的性能和准确度，以便选择最优的模型。

测试集的结果可以帮助评估模型的准确度、泛化能力等指标，从而帮助我们选择最佳的模型。在评估模型性能时，可以使用一些指标，例如准确率、召回率、F_1 值等来评估模

型的性能。

4. 数据集划分标准

数据集划分的标准是根据任务的具体需求和数据的特点来确定的。一般来说，常见的划分比例是 70%：15%：15%，即 70%的数据用于训练，15%用于验证，15%用于测试。但这并不是绝对的，划分比例可以根据任务的要求和数据的特点进行调整。划分数据集时，需要考虑样本的多样性、数量以及训练、验证和测试的数据分布均衡性，以确保模型具有良好的泛化能力和稳定性。

4.2.3 数据标注

数据标注是对原始数据，如图片、文本、语音等进行人工标记、分类、注释等处理的过程，目的是使数据更易于被机器学习算法理解和处理。通过数据标注，可以为机器学习算法提供标记后的数据集，用于训练和优化算法，从而实现自动化的数据处理和分析。常见的数据标注任务包括目标检测、语义分割、关键点标注、语音识别等领域(见图 4-5)。数据标注通常需要人工参与，可由专业的数据标注团队或者众包平台上的众包员工完成。

(a) 目标检测

(b) 图像语义分割

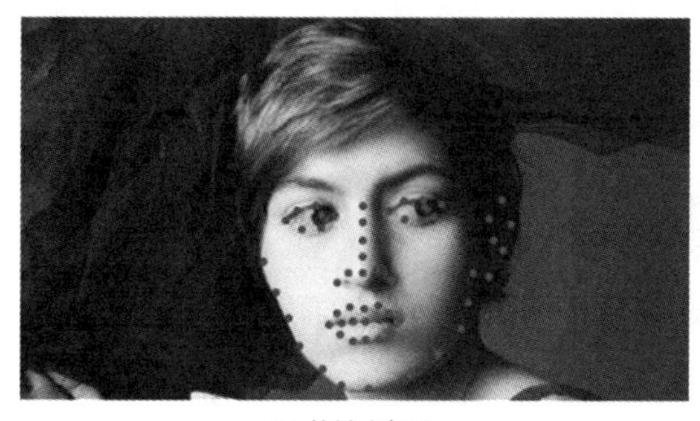

(c) 关键点标注

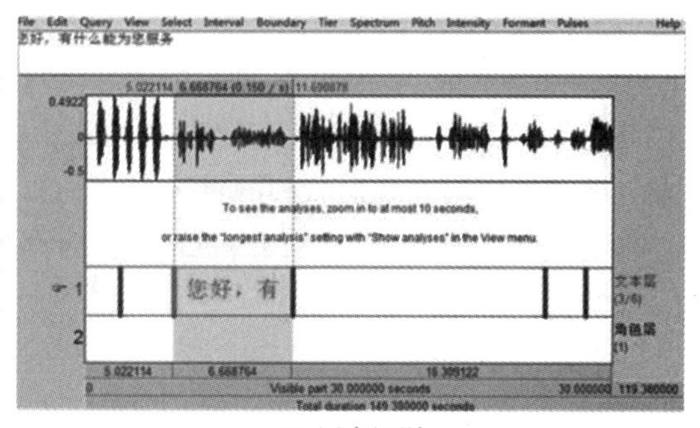

(d) 语音识别

图 4-5　四种标注方式

数据标注对机器学习和人工智能的发展至关重要。一个机器学习算法的准确性取决于它所使用的数据的质量。如果数据标注不准确，机器学习算法就会学习到错误的模式，导致结果不准确。因此，数据标注需要高度精确和可靠。在现实世界中，数据标注往往是一项耗时、耗费人力和资源的工作，需要大量的人工参与。为了提高效率和准确性，一些自

动化的数据标注技术也正在不断发展。例如，可以利用图像识别技术自动将图像中的物体进行分类和标注，或者利用文本处理技术来自动识别并标注文本中的关键信息。这些自动化的标注工具可以辅助人工，提高工作效率和准确性。另外，数据标注还面临着一系列挑战和问题。首先，数据标注需要考虑数据的隐私和保密性，避免泄露个人信息或商业机密。其次，一些数据标注任务需要特定的领域知识和专业技能，例如医学、法律等领域的数据标注就需要具备相应的专业知识。再者，数据标注还需要遵循相关的标准和规范，确保标注的一致性和可比性。最后，数据标注成本通常很高，需要大量的人工和时间成本，因此需要综合考虑资源投入和标注效果等因素。

总之，数据标注是机器学习和人工智能发展的重要基础，但也面临着各种挑战和问题。为了有效地利用数据标注的价值，需要探索新的标注方法和工具，建立标准化的标注流程，提高标注效率和准确性，保障数据隐私和保密性。

4.3 模型评估

4.3.1 泛化能力、欠拟合和过拟合

机器学习的目的是利用已知数据（训练数据）训练出机器学习的模型，然后将该模型应用到未知数据（测试数据）中。从已知数据归纳总结，然后对未知数据的预测称为泛化(Generalize)。泛化能力好的机器学习模型在使用训练数据进行训练后，对没有见过的数据可以进行准确预测。反之，泛化能力差的模型不能对未知数据进行准确预测。欠拟合模型和过拟合模型是影响泛化能力的两个重要方面。

欠拟合模型在训练集表现差，在测试集表现同样会很差。欠拟合是指模型拟合程度不高，数据距离拟合曲线较远，或指模型没有很好地捕捉到数据特征，不能够很好地拟合数据。

过拟合模型，在训练集表现非常好，但在测试集上表现很差。过拟合是指为了使学习模型得到一致假设而使假设变得过度复杂。避免过拟合是学习模型设计中的一个核心任务。通常采用增大数据量和测试样本集的方法对分类器性能进行评价。

以二维数据的二分分类为例，过拟合和欠拟合与正常拟合的比较如图 4-6 所示。

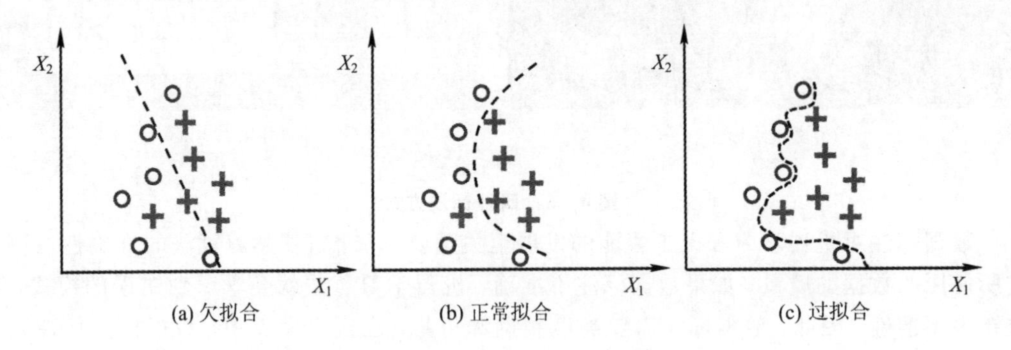

图 4-6 过拟合和欠拟合与正常拟合的比较

图 4-6(a)中，对已知数据欠缺拟合，处于欠拟合状态；图 4-6(b)中，对已知数据良好拟合，可以概括出已知数据的特征；图 4-6(c)中，对已知数据过度拟合，处于过拟合状态。

4.3.2 k 折交叉验证

k 折交叉验证是一种常用的模型评估方法，它可以帮助评估机器学习模型的性能。这种方法将数据集分成 k 个大小相似的子集，称为折叠。然后，对模型进行 k 次训练和评估，每次使用其中的一个子集作为测试集，其余 $k-1$ 个子集作为训练集。最后，将 k 次评估的结果取平均值作为最终评估结果。

k 折交叉验证的主要优点之一是它能够更好地利用数据集，每个样本都被用于训练和测试，这有助于减少模型在某个特定子集上性能波动的影响，并提高评估结果的稳定性和可靠性。此外，k 折交叉验证还可以帮助检测模型是否存在过拟合或欠拟合问题，因为它可以通过多次训练和测试来综合评估模型的泛化能力。

然而，k 折交叉验证也有一些缺点。首先，它增加了计算成本，因为需要对模型进行 k 次训练和评估。其次，当数据集较大时，k 折交叉验证可能会变得相对慢，因为需要多次重复整个训练过程。最后，如果数据集不够大，划分出的子集可能会比较小，导致模型评估结果的方差较大。

k 通常取 5 或者 10。如图 4-7 所示，以 10 折交叉验证为例，给定一个数据集，随机分割成 10 份，使用其中的 9 份来建模，用最后的那 1 份度量模型的得分，重复选择不同的 9 份构成训练集，余下的那 1 份用作测试，重复迭代 10 次后，将 10 次测试得分的平均值作为最后的模型得分。

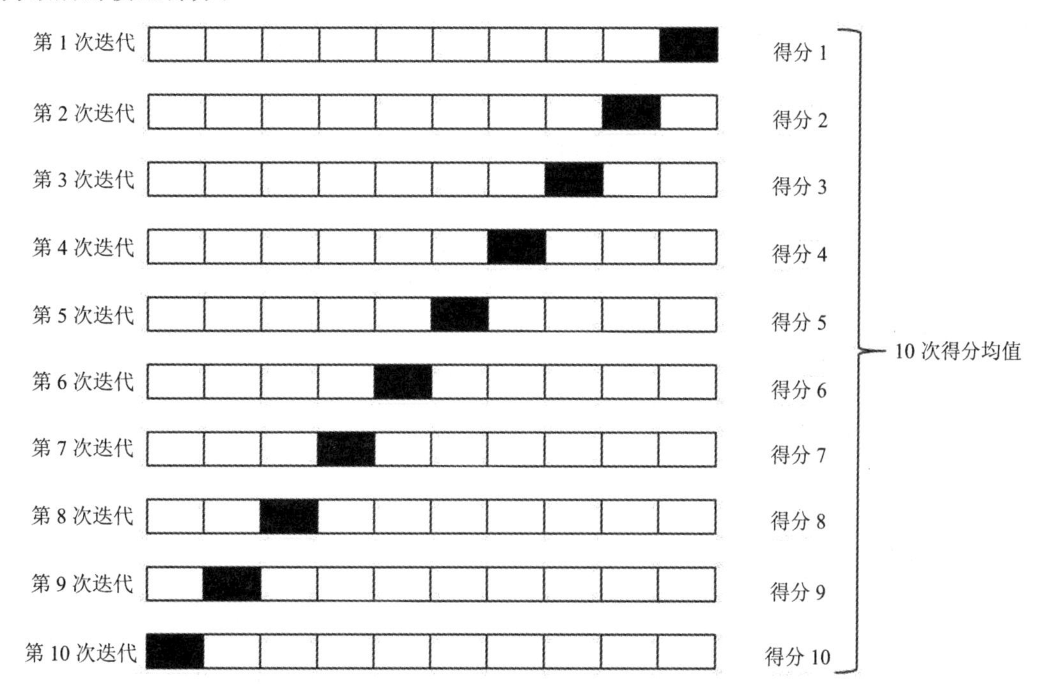

图 4-7　10 折交叉验证

4.3.3 分类问题的评价指标

在机器学习中，分类任务是解决的主要问题之一，而评价分类任务的性能则需要借助多种指标。然而，在众多的评价指标中，很多指标只能反映模型性能的某一方面。若不能合理地应用这些评价指标，就可能无法全面了解模型本身存在的问题，甚至导致错误的结论。这些评估指标包括混淆矩阵、准确率、精确率、召回率和 F_1 值。

1. 混淆矩阵

混淆矩阵是一种监督学习中常用的可视化工具，用于比较分类模型预测结果与实际情况的差异。在混淆矩阵中，每一列代表预测的类别，列中的总数表示被预测为该类别的数据的数量；每一行代表观测数据的真实类别，行中的数据总数表示该类别的观测数据实例的数量。矩阵中的每个元素表示真实数据被预测为相应类别的数量。

二分类(Binary Classification)是机器学习和统计学中一种常见的分类任务类型，其目标是将输入数据分为两个互斥的类别之一。在二分类问题中，算法学习如何基于输入特征来预测一个单元输出。对于二分类，通常称一类为正例(阳性)，另一类为反例(阴性)。二分类混淆矩阵如表 4－1 所示。

表 4－1 二分类混淆矩阵

实际	预测		
	正 例	反 例	合 计
正例	真阳(TP)	假阴(FN)	实际正例数(TP+FN)
反例	假阳(FP)	真阴(TN)	实际反例数(FP+TN)
合计	预测正例数(TP+FP)	预测反例数(FN+TN)	总样本数 TP+FP+FN+TN

表中：

TP(True Positive，真阳性)表示阳性样本经过正确分类之后被判为阳性。

TN(True Negative，真阴性)表示阴性样本经过正确分类之后被判为阴性。

FP(False Positive，假阳性)表示阴性样本经过错误分类之后被判为阳性。

FN(False Negative，假阴性)表示阳性样本经过错误分类之后被判为阴性。

2. 准确率

准确率(Accuracy)是最常用的分类性能指标。准确率是分类正确的样本数在所有样本数中的占比。通常来说，正确率越高，分类器越好。准确率的计算公式为

$$\text{Accuracy} = \frac{\text{TP} + \text{TN}}{\text{TP} + \text{TN} + \text{FP} + \text{FN}} \tag{4.1}$$

3. 精确率

精确率(Precision)容易和准确率被混为一谈。其实，精确率只是针对预测正确的正例样本而不是所有预测正确的样本，表现为预测出是正例的样本中有多少真正是正例的，可理解为查准率，即正确预测的正例数除以正例总数。精确率的计算公式为

$$\text{Precision} = \frac{\text{TP}}{\text{TP} + \text{FP}} \tag{4.2}$$

4. 召回率

召回率(Recall)表现在实际正样本中分类器能预测出多少，可理解为查全率，即正确预测的正例数除以实际正例总数。召回率的计算公式为

$$\text{Recall} = \frac{\text{TP}}{\text{TP} + \text{FN}} \tag{4.3}$$

5. F_1 值

F_1 值是精确率和召回率的调和值，更接近于两个数较小的那个，所以精确率和召回率接近时，F_1 值最大。F_1 值越高，说明模型的性能越好。F_1 值的计算公式为

$$F_1 = \frac{2 \times \text{Presision} \times \text{Recall}}{\text{Precision} + \text{Recall}} \tag{4.4}$$

4.3.4 回归问题的评价指标

拟合(回归)问题比较简单，所用到的评价指标也相对直观。假设 y_i 是第 i 个样本的真实值，$\hat{y}_i$ 是对第 i 个样本的预测值，则其平均绝对误差、均方误差和均方根误差如下。

1. 平均绝对误差(MAE)

平均绝对误差(Mean Absolute Error，MAE)又被称为 L1 范数损失，计算公式为

$$\text{MAE}(y, \hat{y}) = \frac{1}{n_{\text{samples}}} \sum_{i=1}^{n_{\text{samples}}} | y_i - \hat{y}_i |$$

2. 均方误差(MSE)

均方误差(Mean Squared Error，MSE)又被称为 L2 范数损失，计算公式为

$$\text{MSE}(y, \hat{y}) = \frac{1}{n_{\text{samples}}} \sum_{i=1}^{n_{\text{samples}}} (y_i - \hat{y}_i)^2 \tag{4.5}$$

3. 均方根误差(RMSE)

均方根误差(Root Mean Square Error，RMSE)是均方误差的算术平方根。

4.4 机器学习算法

4.4.1 线性回归

回归分析是一种预测性的建模技术，它研究因变量(目标)和自变量(预测器)之间的关系。这种技术通常用于预测分析，时间序列模型以及发现变量之间的因果关系。通常使用曲线/线来拟合数据点，目标是使曲线到数据点的距离差异最小。线性回归是回归分析中

最基本、最广泛使用的形式。它假设因变量与自变量之间存在线性关系。

1. 线性回归原理

如果希望知道自变量 x 是怎样影响因变量 y 的，以一元线性回归为例，建立模型：

$$y = \beta_0 + \beta_1 x_1 + \varepsilon \tag{4.6}$$

式中，y 是因变量，x_1 是自变量，$\beta=(\beta_0, \beta_1)$称为回归系数，ε 是误差项，代表了模型无法解释的随机噪声。

参数 β_0 和 β_1 决定了回归直线相对训练集的准确程度，即模型预测值 $\hat{y}_i$ 与训练集中实际值 y_i 之间的差距，称为建模误差 e_i，如图 4-8 所示。

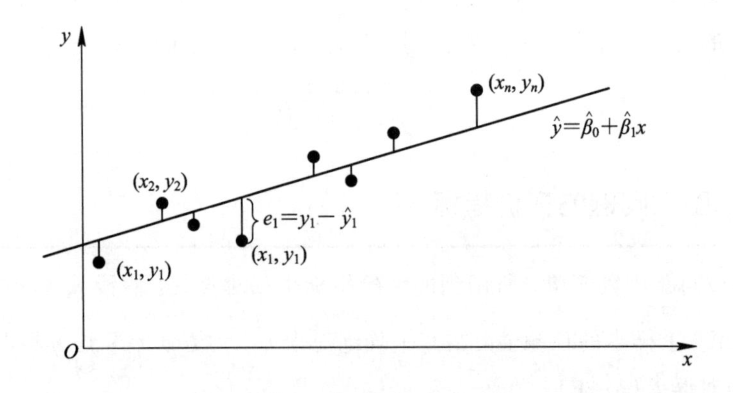

图 4-8 一元线性回归建模误差

在最小二乘法中，目标是找到一组参数 $\beta=(\beta_0, \beta_1)$，使误差平方和(SSE)最小。误差平方和的公式为

$$\min\left(\sum_{i=1}^{n}(y_i - \hat{y}_i)^2\right) = \min\left(\sum_{i=1}^{n}(y_i - \hat{\beta}_0 - \hat{\beta}_1 x_i)^2\right) \tag{4.7}$$

一般使用梯度下降算法求使建模误差最小化的参数 β_0 和 β_1 的值，如下：

$$\begin{cases} \hat{\beta}_1 = \dfrac{n\sum_{i=1}^{n}x_i y_i - \left(\sum_{i=1}^{n}x_i\right)\left(\sum_{i=1}^{n}y_i\right)}{n\sum_{i=1}^{n}x_i^2 - \left(\sum_{i=1}^{n}x_i\right)^2} \\ \hat{\beta}_0 = \bar{y} - \hat{\beta}_1\bar{x} \end{cases} \tag{4.8}$$

式中，

$$\bar{x} = \frac{1}{n}\sum_{i=1}^{n}x_i，\ \bar{y} = \frac{1}{n}\sum_{i=1}^{n}y_i \tag{4.9}$$

2. 线性回归算法实战——用波士顿房价数据集预测房价

波士顿房价数据集是一个经典的回归问题数据集，包含了 20 世纪 70 年代末期波士顿的南部郊区，共 506 个房屋样本。这些数据都是在 20 世纪 70 年代末期以旧金山海湾区房价的情况为基准，采集的波士顿房价相关的特征。这些特征包括了房屋所在城市的犯罪率、每个城镇平均房间数以及自有住房比例等。每个特征的值都已经经过了预处理，例如处理了缺失值和异常值。sklearn 中的内置数据集已经包括波士顿房价数据集。

波士顿房价数据集共有 13 个要素特征，如表 4-2 所示。

表 4-2　波士顿房价数据集特征含义

特　征	特征含义
CRIM	城镇人均犯罪率
ZN	占地面积超过 2322 cm^2 的住宅用地比例
INDUS	城镇非零售商业用地比例
CHAS	是否靠近 Charles River 的虚拟变量(如果靠近为 1，否则为 0)
NOX	一氧化氮浓度(每千万份)
RM	每个住房的平均房间数
AGE	1940 年以前自有住房的比例
DIS	距离 5 个波士顿就业中心的成块加权距离
RAD	辐射性公路的可达性指数
TAX	每 10 000 美元的全额财产税率
PTRATIO	城镇师生比例
B	黑人比例(以 1000 为单位)
LSTAT	地位较低人群的比例

代码如下：

```
from sklearn.datasets import load_boston   #波士顿房价

#加载数据集
boston = load_boston()
X = boston.data                            #定义自变量
y = boston.target                          #定义因变量
print(X.shape)                             #打印特征尺寸
print(boston.feature_names)                #特征名称

#分割数据集
from sklearn.model_selection import train_test_split
X_train, X_test, y_train, y_test = train_test_split(X, y, test_size=0.2, random_state=3)

#训练线性回归模型
from sklearn.linear_model import LinearRegression
reg =LinearRegression().fit(X_train, y_train)

#输出模型评分
print("训练集评分：{:.2f}".format(reg.score(X_train, y_train)))
print("测试集评分：{:.2f}".format(reg.score(X_test, y_test)))
```

运行结果如图 4-9 所示。

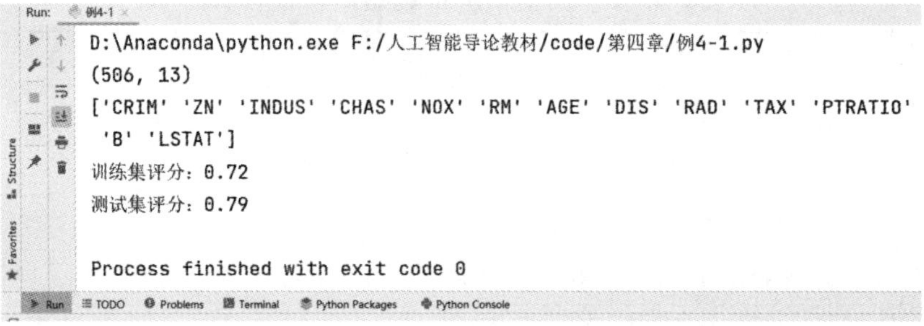

Run: 例4-1
D:\Anaconda\python.exe F:/人工智能导论教材/code/第四章/例4-1.py
(506, 13)
['CRIM' 'ZN' 'INDUS' 'CHAS' 'NOX' 'RM' 'AGE' 'DIS' 'RAD' 'TAX' 'PTRATIO'
'B' 'LSTAT']
训练集评分：0.72
测试集评分：0.79
Process finished with exit code 0
Run
TODO
Problems
Terminal
Python Packages
Python Console
Structure
Favorites

图 4-9 代码运行结果

4.4.2 KNN 算法

KNN(K-Nearest Neighbor，K-近邻)算法是机器学习分类技术中最简单的算法之一，其指导思想是“近朱者赤，近墨者黑”，即由“你的邻居”来推断出你的“类别”。

为了判断未知样本的类别，以所有已知类别的样本作为参照，计算未知样本与所有已知样本的距离，从中选取与未知样本距离最近的 K 个已知样本，根据少数服从多数的投票法则(Majority Voting)，将未知样本与 K 个最近邻样本中所属类别占比较多的归为一类。这就是 KNN 算法在分类任务中的基本原理。其中，K 表示要选取的最近邻样本实例的个数，可以根据实际情况进行选择。

图 4-10 为 KNN 分类示意图。如何判断圆形应该属于哪一类？是属于三角形还是属于四边形？如果 $K=3$，由于三角形所占比例为 2/3，圆形将被判定为属于三角形类；如果 $K=5$，由于四边形比例为 3/5，因此圆形将被判定为属于四边形类。

100
80
60
40
20
0
10
20
30
40
50
60
70
80
90
K=3
K=5

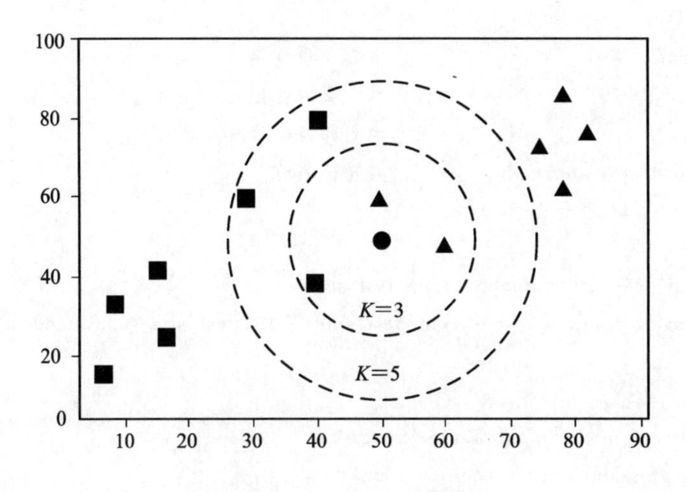

图 4-10 KNN 分类示意图

由于 KNN 分类算法在分类决策时只依据最近的一个或者几个样本的类别来判断待分类样本所属的类别，而不是靠判别类域的方法来确定所属的类别，因此对于类域的交叉或重叠较多的待分样本集，KNN 算法较其他算法更为适合。

1. KNN 算法实现步骤

KNN 算法的实现分如下四步。

(1) 样本特征量化。样本的所有特征都要做可比较的量化，若样本特征中存在非数值类型，则必须采取手段将其量化为数值。例如，样本特征中包含颜色，可通过将颜色转换为灰度值来实现距离计算。

(2) 样本特征归一化。样本中有多个参数，每一个参数都有自己的定义域和取值范围，它们对距离计算的影响不一样，如取值较大的影响力会盖过取值较小的参数。所以，对样本参数必须做一些比例处理，最简单的处理方式是对所有特征的数值都采取归一化处置。

(3) 计算样本之间的距离。需要一个距离函数以计算两个样本之间的距离，通常使用的距离函数有欧几里得距离(简称欧氏距离)、余弦距离、汉明距离和曼哈顿距离等，但是这些只适用于连续变量，一般选欧氏距离作为距离度量。在文本分类这种非连续变量情况下，汉明距离可以用来作为度量。通常情况下，如果运用一些特殊的算法来计算度量，KNN 算法的准确率可显著提高，如运用大边缘最近邻法或者近邻成分分析法。

图 4-11 为二维空间的欧氏距离与曼哈顿距离。以二维空间中的 $A(x_1, y_1)$、$B(x_2, y_2)$ 两点为例，分别用欧氏距离与曼哈顿距离度量两点之间的距离。

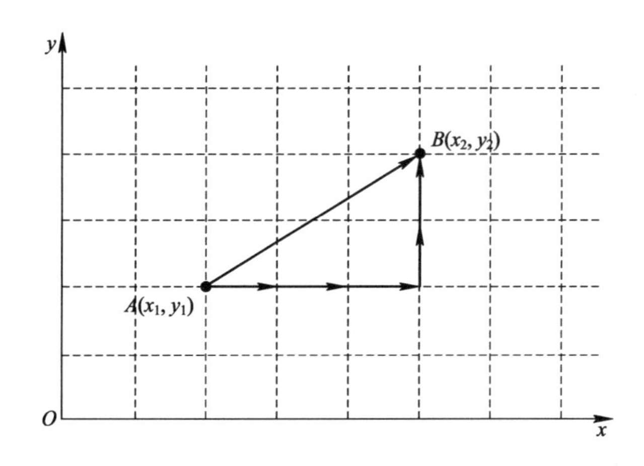

图 4-11　二维空间的欧氏距离与曼哈顿距离

欧氏距离计算公式：

$$\text{Enclidean Distance}(d) = \sqrt{(x_2 - x_1)^2 + (y_2 - y_1)^2} \tag{4.10}$$

曼哈顿距离计算公式：

$$\text{Manhattan Distance}(d) = |x_2 - x_1| + |y_2 - y_1| \tag{4.11}$$

(4) 确定 K 值。K 值选得太大易引起欠拟合，太小易引起过拟合，需交叉验证确定 K 值。

2. KNN 算法的优、缺点

KNN 算法的优点如下：

(1) 简单，易于理解，易于实现，无须估计参数。

(2) 训练时间为零。它没有显示的训练，不像其他有监督的算法会用训练集训练一个模型(也就是拟合一个函数)，然后验证集或测试集用该模型分类。KNN 算法只是把样本保存起来，收到测试数据时再处理，所以 KNN 算法的训练时间为零。

(3) KNN 算法可以处理多分类问题(预测目标变量有三个或更多个可能的离散类别问题)，适合对稀有事件进行分类。

(4) KNN 算法还可以处理回归问题，也就是预测。

(5) 和朴素贝叶斯之类的算法比，KNN 算法对数据没有假设，准确度高，对异常点不敏感。

KNN 算法的缺点如下：

(1) 计算量太大，尤其是特征数非常多的时候。每一个待分类样本都要计算它到全体已知样本的距离，才能得到它的前 K 个最近邻点。

(2) 可理解性差，无法给出像决策树那样的规则。

(3) KNN 算法是懒散学习方法，基本上不学习，这导致预测时的速度比起逻辑回归之类算法慢。

(4) 样本不平衡的时候，KNN 算法对稀有类别的预测准确率低。例如，当一个类的样本容量很大而其他类样本容量很小时，有可能导致当输入一个新样本时，该样本的 K 个邻居中大容量类的样本占多数。

(5) KNN 算法对训练数据依赖度特别大，对训练数据的容错性太差。如果训练数据集中，有一两个数据是错误的，刚好又在需要分类的数值的旁边，就会直接导致预测的数据的不准确。

3. KNN 算法实战——乳腺癌预测

乳腺癌是美国妇女最常见的癌症，也是所有女性癌症死亡的第二大原因。利用机器学习算法从已有的临床乳腺癌数据中，可以学习导致乳腺癌的特征，并通过大量历史数据的学习使得机器成为半个乳腺癌专家，这将极大地帮助医生诊断或及时拯救患者。

乳腺癌预测采用公开的乳腺癌数据集，该数据集共包含 569 个样本，其中，357 个阳性(y=1)样本，212 个阴性(y=0)样本；每个样本有 30 个特征，如表 4-3 所示。

表 4-3 乳腺癌数据集特征含义

特　征	特征含义
radius_mean	半径(即细胞核从中心到周边点的距离)平均值
texture_mean	纹理(灰皮值的标准偏差)平均值
permeter_mean	细胞核周长平均值
area_mean	细胞核面积平均值
smoothness_mean	平滑度(半径长度的局部变化)平均值
compactness_mean	紧凑度(周长^2/面积－1.0)平均值
concavity_mean	凹度(轮廓凹部的严重程度)平均值
concavepoints_mean	凹点(轮廓凹部的数量)平均值
symmctiy_mcan	对称性平均值
fractal_dimension_mean	分形维数－1 平均值

续表

特　征	特 征 含 义
radius_sc	半径(即细胞核从中心到周边点的距离)标准差
texture_se	纹理(灰度值的标准偏差)标准差
perimeter_se	细胞核周长标准差
area_se	细胞核面积标准差
smoothness_se	平滑度(半径长度的局部变化)标准差
compactness_se	紧凑度(周长^2 面积－1.0)标准差
concavity_se	凹度(轮廓凹部的严重程度)标准差
concave_points_se	凹点(轮廓凹部的数量)标准差
symmetry_se	对称性标准差
factal_dimension_se	分形维数－1 标准差
radius_worst	半径(即细胞核从中心到周边点的距离)最大值
texture_worst	纹理(灰度值的标准偏差)最大值
permeter_worst	细胞核周长最大值
area_worst	细胞核面积最大值
smoothness_worst	平滑度(半径长度的局部变化)最大值
compactness_worst	紧凑度(周长^2/面积－1.0)最大值
concavity_worst	凹度(轮廓凹部的严重程度)最大值
concave_points_worst	凹点(轮廓凹部的数量)最大值
symmetry_worst	对称性最大值
fractal_dimension_worst	分形维数－1 最大值

用 KNN 算法进行乳腺癌预测的代码如下：

```
#导入乳腺癌数据集的类及其他包
from sklearn.datasets import load_breast_cancer
from sklearn.neighbors import KNeighborsClassifier
from sklearn.model_selection import train_test_split
from sklearn.metrics import accuracy_score

#实例化一份乳腺癌数据集对象
breast_cancer= load_breast_cancer()
#数据的特征，返回一个二维数组
X = breast_cancer['data']
#数据的标签，返回一个一维数组
```

```
y = breast_cancer['target']
#划分数据，random_state固定划分方式
X_train, X_test, y_train, y_test = train_test_split(X, y, test_size=0.3, random_state=42)
#K的不同取值
k_range = [3, 5, 7, 9, 11, 13, 15, 17, 19, 21, 23, 25]
cv_scores = []
for n in k_range:
    knn_clf = KNeighborsClassifier(n)
    #训练模型
    knn_clf.fit(X_train, y_train)
    #在测试集上预测结果
    y_pred = knn_clf.predict(X_test)
    cv_scores.append(accuracy_score(y_test, y_pred))
    print("当前的准确率为 :%.2f" % accuracy_score(y_test, y_pred),"当前K的取值为 :%d"%n)
#结果显示
import matplotlib.pyplot as plt
plt.plot(k_range, cv_scores)
plt.xlabel('K')
plt.ylabel('Accuracy')
plt.show()
```

运行结果如图 4-12 所示。

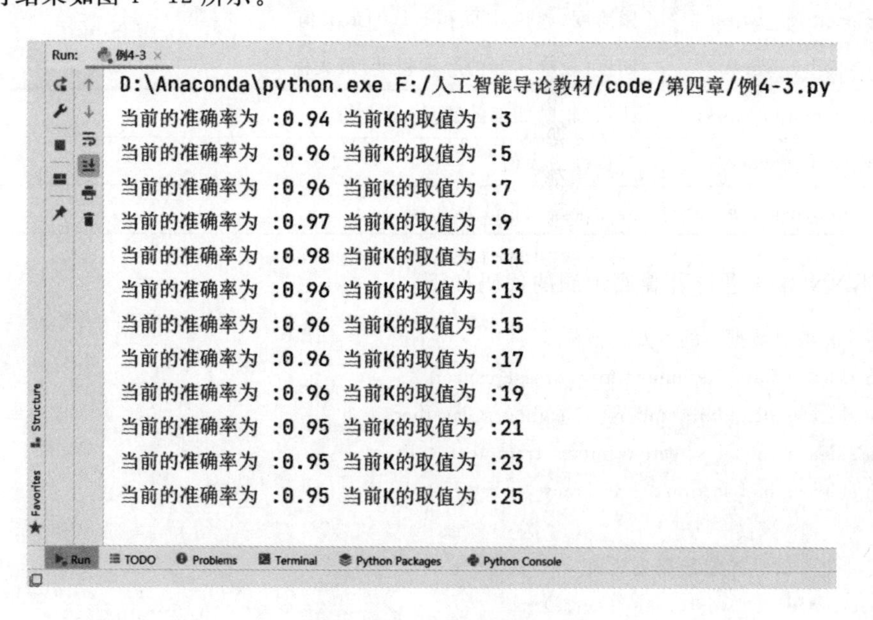

图 4-12 代码运行结果

准确率与 K 值的关系如图 4-13 所示。

以上通过 KNN 算法实现了乳腺癌预测。从实验结果和准确率与 K 值的关系图中可以看出：K 为 11 时，准确率最高，最高值为 0.980。

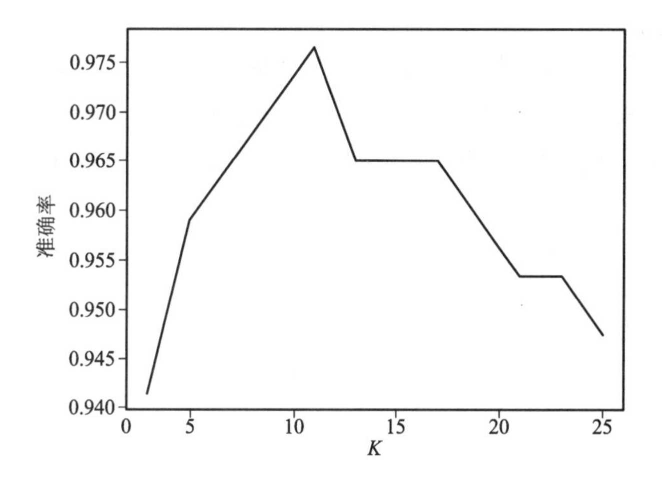

图 4-13　准确率与 K 值的关系

4.4.3 决策树

决策树(Decision Tree)是一种特别简单的机器学习分类算法。决策树的想法来源于人类的决策过程，决策树是在已知各种情况发生概率的基础上通过构成决策树来评价项目风险，判断其可行性的决策分析方法，是直观运用概率分析的一种图解法。由于这种决策分支画成图形很像一棵树的枝干，故称为决策树。在机器学习中，决策树是一个预测模型，其代表的是对象属性与对象值之间的一种映射关系。

决策树在机器学习中有着广泛的应用，主要是因为它易于解释。比如，现在要做一个决策，周末是否要打球，可能要考虑几个因素。第一，天气因素。如果是晴天，就打球；如果是雨天，就不打球。第二，球场是否满员。如果满员，就不打球；如果不满员，就打球。第三，是否需要加班。如果加班，则不打球；如果不需要加班，则打球。这样就形成了一个决策树，如图 4-14 所示。

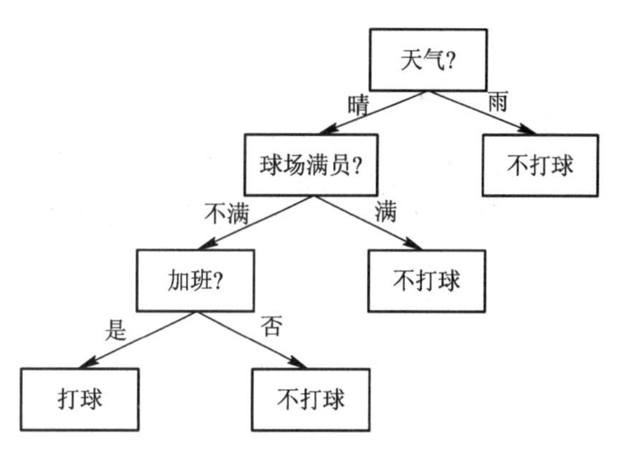

图 4-14　决策树示例

1. 决策树步骤

决策树是一种十分常用的分类方法。其通过样本数据学习得到一个树形分类器，对新出现的待分类样本能够给出正确的分类。创建决策树的步骤如下：

(1) 检测数据集中的每个样本是否属于同一分类。

(2) 如果是，则形成叶子节点，跳转到步骤(5)；如果否，则寻找划分数据集的最好特征。

(3) 依据最好的特征划分数据集，创建中间节点。

(4) 对每一个划分的子集循环步骤(1)～(3)。

(5) 直到所有的最小子集都属于同一类，即形成叶子节点时，决策树建立完成。

2. 划分特征选择

特征选择是指合理选择其内部节点所对应的样本属性，使节点所对应样本子集中的样本尽可能多地属于同一类别，即具有尽可能高的纯度。

特征选择的准则主要有 3 种：信息增益、信息增益比和基尼指数。

1) 信息增益(ID3 算法)

信息增益公式为

$$G(D, A) = H(D) - H(D|A) \tag{4.12}$$

式中，$H(X) = -\sum_{i=1}^{n} \rho_i(x)\log_2 p_i(x)$ 为随机变量 X 的熵。熵可以表示样本集合的不确定性，熵越大，样本的不确定性就越大。ID3 算法的缺点是信息增益偏向取值较多的特征。

2) 信息增益比(C4.5 算法)

信息增益比公式为

$$g_R(D, A) = \frac{g(D, A)}{H_A(D)} \tag{4.13}$$

式中，$H_A(D) = -\sum_{i=1}^{n} \frac{|D_i|}{|D|}\log_2 \frac{|D_i|}{|D|}$。C4.5 算法的缺点是信息增益比偏向取值较少的特征。

3) 基尼指数(CART 算法分类树)

基尼指数公式为

$$\text{Gini}(p) = \sum_{k=1}^{K} p_k(1 - p_k)$$

式中，p_k 表示选中的样本属于 k 类别的概率。

3. 决策树算法的优、缺点

决策树算法的优点如下：

(1) 决策树易于理解和实现，用户在学习过程中不需要了解过多的背景知识，其能够直接体现数据的特点，只要通过适当的解释，用户就能够理解决策树所表达的意义。

(2) 速度快，计算量相对较小，且容易转化成分类规则。只要沿着根节点向下一直走到叶子节点，沿途分裂条件是唯一且确定的。

决策树算法的缺点是在处理大样本集时易出现过拟合现象，从而降低分类的准确性。

4.4.4 随机森林

随机森林是利用多棵决策树(类似一片森林)对样本进行训练并预测的一种分类器。该分类器最早由 Leo Breiman 和 Adele Cutler 提出，并被注册成商标。在机器学习中，随机森林是一个包含多个决策树的分类器，其输出的类别由个别树输出的类别的众数而定。随机森林结合 Breimans 的“Bootstrap Aggregating”和 Ho 的“Random Subspace Method”来建造决策树的集合。随机森林在运算量没有显著提高的前提下提高了预测精度，对多元共

线性不敏感，可以很好地预测多达几千个自变量的作用，被称为当前最好的算法之一。

1. Bagging 思想

Bagging(Bootstrap Aggregating)是一种集成学习方法。它通过自助法(Bootstrapping)来创建多个数据集，然后在这些数据集上独立地训练模型，最后将这些模型的预测结果结合起来。在Bagging方法中，通常使用决策树作为基模型。每次迭代中，都从原始数据集中随机有放回地抽取数据，建立一个决策树模型。重复这个过程多次，得到多个决策树模型。最后，将这些决策树模型进行投票(对于分类问题)或者平均(对于回归问题)来获得最终的预测结果。Bagging思想的主要优点是能够显著降低模型的方差，提高预测的稳定性和准确性。同时，由于Bagging可以用来构建不同的模型，因此它也常用于算法选择。

随机森林是一种基于树模型的Bagging思想的优化版本，一棵树的生成肯定不如多棵树，因此就有了随机森林，解决决策树泛化能力弱问题。而同一批数据，用同样的算法只能产生一棵树，这时Bagging思想可以产生不同的数据集，决策树和随机森林对比示意如图4-15所示。

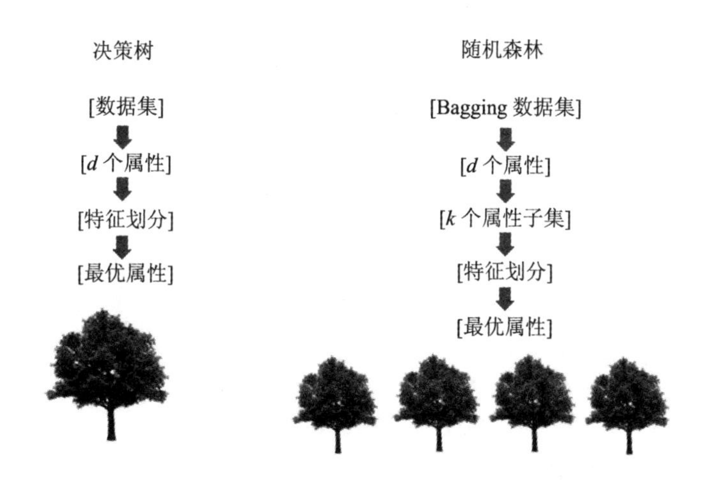

图4-15　决策树和随机森林对比示意图

2. 随机森林算法的优缺点

随机森林算法的优点：简单，容易实现，计算开销小，性能强大。它的扰动不仅来自于样本扰动，还来自于属性扰动，这使得它的泛化性能进一步上升。

随机森林算法的缺点：在训练和预测时都比较慢，当需要区分的类别很多时，表现不好。

3. 随机森林算法实战——鸢尾花(Iris)数据集分类

Iris数据集是常用的分类实验数据集，由Fisher收集整理。Iris也称鸢尾花数据集，是一类多重变量分析的数据集。Iris数据集包含150个数据样本，分为3类，每类包括50个数据，每个数据包含4个属性。4个属性分别为：

(1) Sepal. Length(花萼长度)，单位是cm；

(2) Sepal. Width(花萼宽度)，单位是cm；

(3) Petal. Length(花瓣长度)，单位是cm；

(4) Petal. Width(花瓣宽度)，单位是 cm。

鸢尾花包含三类：Iris Setosa(山鸢尾)、Iris Versicolour(杂色鸢尾)，以及 Iris Virginica(维吉尼亚鸢尾)。通过花萼长度、花萼宽度、花瓣长度和花瓣宽度 4 个属性预测鸢尾花所属的种类的代码如下：

```
from sklearn.ensemble import RandomForestClassifier    #导入随机森林的包
from sklearn.model_selection import train_test_split
from sklearn import datasets                           #导入 Iris 自带数据库文件
from sklearn.metrics import accuracy_score

iris_data = datasets.load_iris()                       #加载鸢尾花数据
X = iris_data.data                                     #获得 iris 的特征数据，即输入数据
y = iris_data.target                                   #获得 iris 的目标数据，即标签数据
#划分数据集为训练集和测试集
X_train, X_test, y_train, y_test = train_test_split(X, y, test_size=0.3, random_state=42)

#建立随机森林模型
clf = RandomForestClassifier(n_estimators=100, random_state=42)
#使用训练集训练模型
clf.fit(X_train, y_train)

#在测试集上预测结果
y_pred = clf.predict(X_test)

#输出评价指标
print("Accuracy:", accuracy_score(y_test, y_pred))
```

运行结果如图 4-16 所示。

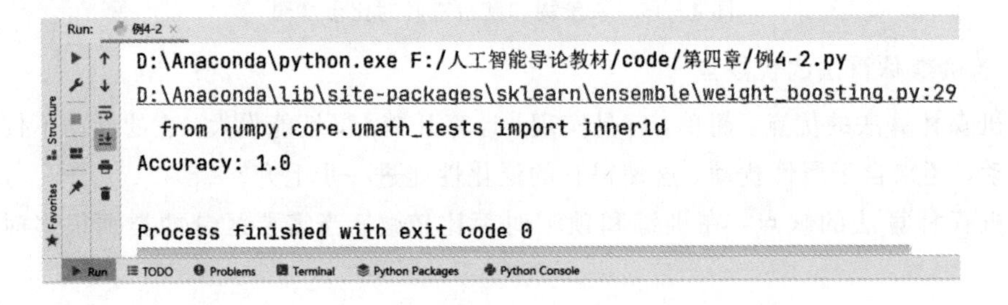

图 4-16 代码运行结果

4.4.5 支持向量机

在机器学习中，对分类问题尤其是二分类问题的处理，人们总希望能找到一条最恰当的“直线”来划分数据集，而这样的直线有很多条。如果能从数据中直接提取判别函数，计算函数的速度比搜索快，我们将这个函数称为超曲面或者决策曲面。由此产生了有训练过

程的支持向量机方法，支持向量机主要用于解决模式识别领域中的数据分类问题。SVM 要解决的问题可以用一个经典的二分类问题加以描述。支持向量机的核心技巧使它成为实质上的非线性分类器。支持向量机的学习策略就是间隔最大化。

SVM 是 Cortes 和 Vapnik 于 1995 年首先提出的，其在解决小样本、非线性及高维模式识别中表现出许多特有的优势。

SVM 基本思想如图 4－17 所示。图中，实心点和空心点分别代表两类样本，H 为它们之间的分类面：$w \cdot x+b=0$，H_1 和 H_2 分别为各类中离分类面最近的样本，且平行于分类面的超平面，它们之间的距离 $2/\|w\|$ 叫作分类间隔。

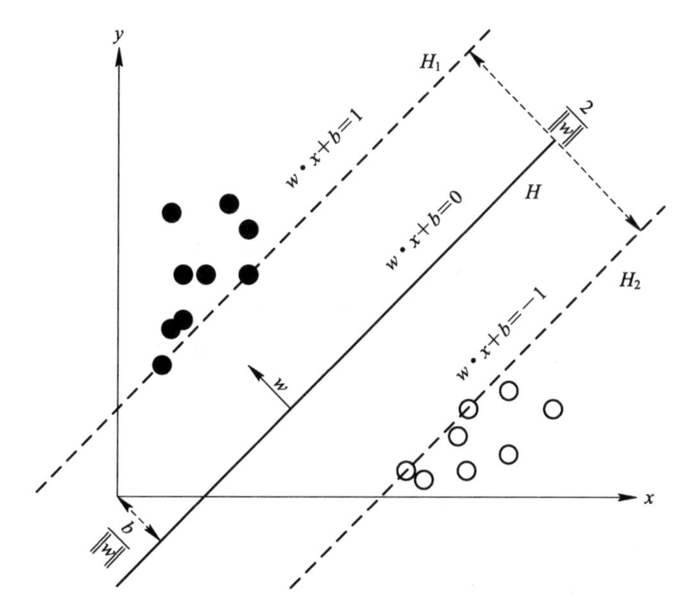

图 4－17　最优分类面示意图

两类样本中离分类面最近且平行于最优分类面的超平面 H_1、H_2 上的训练样本点称为支持向量，因为它们“支持”了最优分类面。

1. 线性可分数据

线性可分数据是能够通过一个线性函数完全区分为两个类别的数据集合。在二维空间中，这样的函数表现为一条直线；在三维空间中，是一个平面；而在更高维度的空间中，它被称为超平面。这里以二维空间为例，假设有两个标签：圆形和三角形，数据有两个特征：x 和 y，如图 4－18 图左所示。想要一个分类器，给定一对(x, y)坐标，输出是圆形还是三角形？

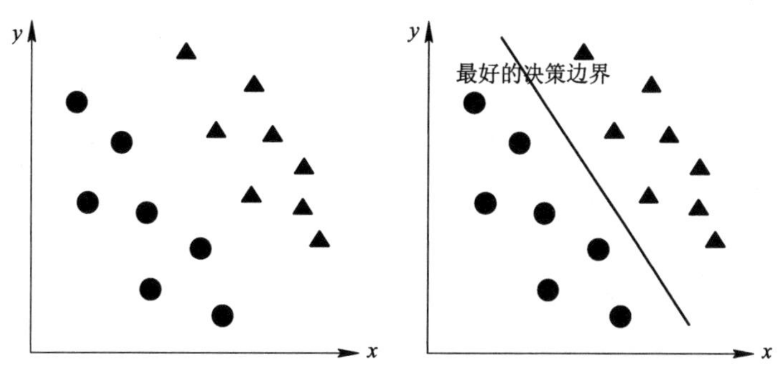

图 4－18　线性可分数据

支持向量机获取这些数据点并输出最能分隔标签的超平面(在二维空间中它只是一条线)。这条线是决策边界：落在它一侧的任何东西归类为圆形，而落在另一侧的任何东西都归类为三角形，如图 4-18 图右所示。

2. 线性不可分数据

线性不可分数据是指在原始的特征空间中无法通过一个线性函数来分隔的数据集合。如图 4-19 图左所示，如果只有一条直线是不能区分圆形和三角形的数据。那么如果将数据的维度再增加一维，使数据有三个维度。将数据的空间映射到更高维度来对非线性数据进行分类，这个过程使用内核函数。内核函数将数据转换为另一个更高维度空间，在这个空间上，样本分布从非线性可分转换为线性可分，以便对数据进行分类，如图 4-19 图右所示。

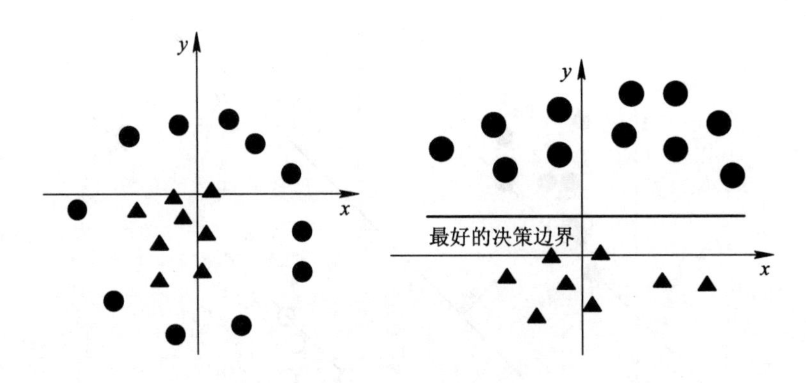

图 4-19　线性不可分数据

3. SVM 算法的优、缺点

SVM 算法的优、缺点如表 4-4 所示。

表 4-4　SVM 算法的优、缺点

优　　点	缺　　点
在非结构化、结构化和半结构化数据方面非常灵活	计算大型数据集时，训练时间更长
内核函数减轻了几乎所有数据类型的复杂性	超参数在解释其影响时通常具有挑战性
与其他模型相比，过拟合现象较少	由于一些黑盒方法，整体解释很困难

4. 内核函数

sklearn 中常用的几种内核函数如表 4-5 所示。

表 4-5　内 核 函 数

输入	含义	解决问题	内核函数表达式
"inear"	线性核	线性	$K(x, y)=x\cdot y$
"poly"	多项式核	偏线性	$K(x, y)=(\gamma(x\cdot y)+r)^d$
"sigmoid"	双曲正切核	非线性	$K(x, y)=\tanh(\gamma(x\cdot y)+r)$
"rbf"	高斯径向基	偏非线性	$K(x, y)=e^{-\gamma\|x-y\|^2}, \gamma>0$

5. SVM 算法实战——乳腺癌预测

下面使用 4.4.2 节 KNN 所使用的乳腺癌数据集作为例子来介绍 SVM 算法，代码如下：

```
#导入乳腺癌数据集的类及其他包
from sklearn.datasets import load_breast_cancer
from sklearn.svm import SVC
from sklearn.model_selection import train_test_split

#实例化一份乳腺癌数据集对象
breast_cancer= load_breast_cancer()
#数据的特征，返回一个二维数组
X = breast_cancer['data']
#数据的标签，返回一个一维数组
y = breast_cancer['target']
#划分数据，random_state 固定划分方式
X_train, X_test, y_train, y_test = train_test_split(X, y, test_size=0.3, random_state=42)
kernel=['linear', 'poly', 'sigmoid', 'rbf']

for i in kernel:
    clf = SVC(kernel=i
              , gamma="auto"
              , degree=1
              , cache_size=5000
              ).fit(X_train, y_train)
    print(f'内核函数为{i}时，准确率:{clf.score(X_test, y_test)}')
```

运行结果如图 4-20 所示。

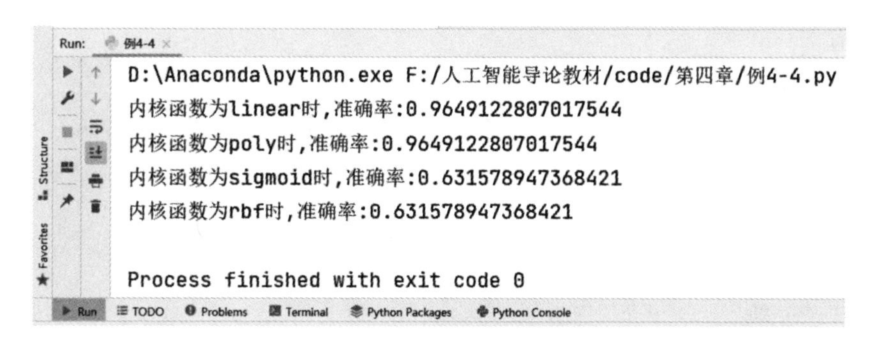

图 4-20　代码运行结果

4.4.6 *K*-means 聚类算法

聚类算法是一种将一组对象根据其特性相似度进行无监督分组的分析方法。在这个过

程中，利用对象间的距离作为衡量相似性的指标，将对象划分到不同的类别中，每个类别包含相似的对象。这些类别通常是根据对象的特征属性自动确定的，不需要外部标注数据。

K-means 聚类是最简单的聚类算法之一，其运用十分广泛。*K*-means 聚类算法是先随机选取 *K* 个对象作为初始的聚类中心。然后计算每个对象与各个种子聚类中心之间的距离，把每个对象分配给距离它最近的聚类中心。聚类中心以及分配给它们的对象代表一个聚类。每分配一个样本，聚类的聚类中心会根据聚类中现有的对象被重新计算。这个过程将不断重复直到满足某个终止条件。终止条件可以是没有(或最小数目)对象被重新分配给不同的聚类，没有(或最小数目)聚类中心再发生变化，误差平方和局部最小。

1. *K*-means 聚类算法步骤

(1) 随机选取 *K* 个中心点。

(2) 遍历所有数据，将每个数据划分到最近的中心点中。

(3) 计算每个聚类的平均值，并作为新的中心点。

(4) 重复步骤(2)(3)，直到这 *K* 个中心点不再变化(收敛)，或执行了足够多的迭代。

2. *K*-means 聚类算法的优、缺点

K-means 聚类算法的优点如下：

(1) 该算法原理简单，需要调节的超参数只有一个 *K*。

(2) 该算法具有出色的速度和良好的可扩展性。

K-means 聚类算法的缺点如下：

(1) *K* 值选取困难。

(2) 需要根据初始聚类中心来确定一个初始划分，然后对初始划分进行优化。这个初始聚类中心的选择对聚类结果有较大的影响，一旦初始值选择得不好，可能无法得到有效的聚类结果。

(3) *K*-means 算法需要不断地对数据样本进行聚类，不断地计算调整后的新的聚类中心，所以数据处理的时间是非常长的，应该对算法的时间复杂度进行分析、改进，提高算法应用范围。

3. *K*-means 聚类算法实战

Scikit 中提供了 *K*-means 聚类算法的模型，通过模拟数据做一个聚类预测，代码如下：

```
#导入相关模块
import numpy as np
import matplotlib.pyplot as plt
from sklearn.cluster import KMeans
#创建模拟数据
a=np.array([[1, 2, 2, 2, 3, ], [2, 1, 2, 3, 2]])
b=np.array([[5, 5, 6, 6, 7, 7], [6, 7, 6, 7, 6, 7]])
#转换数据格式
X = np.hstack((a, b)).T  #转换成所需要的数据格式
```

```
    print(X)
    #创建模型并预测
    y_pred = KMeans(n_clusters=2).fit_predict(X)   #建立模型并进行预测
    print(y_pred)
    #作图
    plt.xlim(0, 8)
    plt.ylim(0, 8)
    plt.scatter(X[y_pred ==1][:, 0], X[y_pred ==1][:, 1], marker='s', c='white', edgecolors=
'black') # 第一类数据
    plt.scatter(X[y_pred ==0][:, 0], X[y_pred ==0][:, 1], marker='<', c='black', edgecolors
='black') #第二类数据
    plt.show()
```

运行结果如图 4-21 所示。

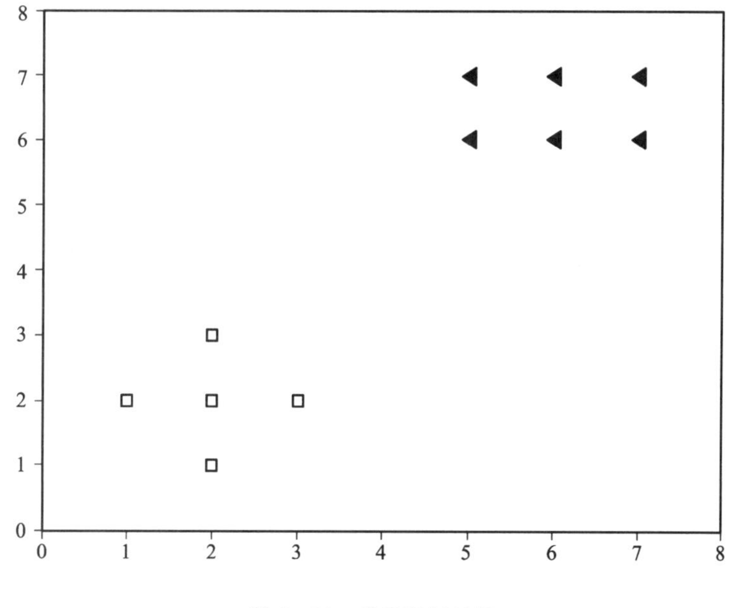

图 4-21　代码运行结果

4.4.7 降维

降维的意思是能够用一组个数为 d 的向量来代表个数为 D 的向量所包含的有用信息，其中 $d<D$。为什么可以降维？这是因为数据有冗余，部分数据是一些没有用的信息，部分数据是一些重复表达的信息。例如，一张 512×512 的图中只有中心 100×100 的区域内有非 0 值，剩下的区域内就是没有用的信息；又如一张图是成中心对称的，那么对称部分的信息就重复了。正确降维后的数据一般保留了原始数据的大部分重要信息，它完全可以替代输入去做一些其他工作，从而很大程度上减少计算量。例如降到二维或者三维来进行可视化操作。

一般来说，可以从两个角度进行数据降维，一种是直接提取特征子集做特征抽取，例如在512×512图中只取中心部分，另一种是通过线性/非线性的方式将原来的高维空间变换到一个新的空间，这里主要讨论后一种——主成分分析。

主成分分析(Principal Component Analysis，PCA)由卡尔·皮尔逊于1901年发明，用于分析数据及建立数理模型。其方法主要是通过对协方差矩阵进行特征分解，以得出数据的主成分(即特征向量)与它们的权值(即特征值)。PCA是最简单的以特征量分析多元统计分布的方法。其结果可以理解为对原数据中的方差做出解释——哪一个方向上的数据值对方差的影响最大。换言之，PCA提供了一种降低数据维度的有效办法；如果分析者在原数据中除掉最小的特征值所对应的成分，那么所得的低维度数据必定是最优的(这样降低维度必定是失去信息最少的方法)。主成分分析在分析复杂数据时尤为有用，比如人脸识别。

如果一个多元数据集能够在一个高维数据空间坐标系中被显示出来，那么PCA就能够提供一幅低维度的图像，这幅图像是在信息最多的点上对原对象的一个“投影”。这样就可以利用少量的主成分使数据的维度降低。将二维数据降维到一维数据如图4-22所示。

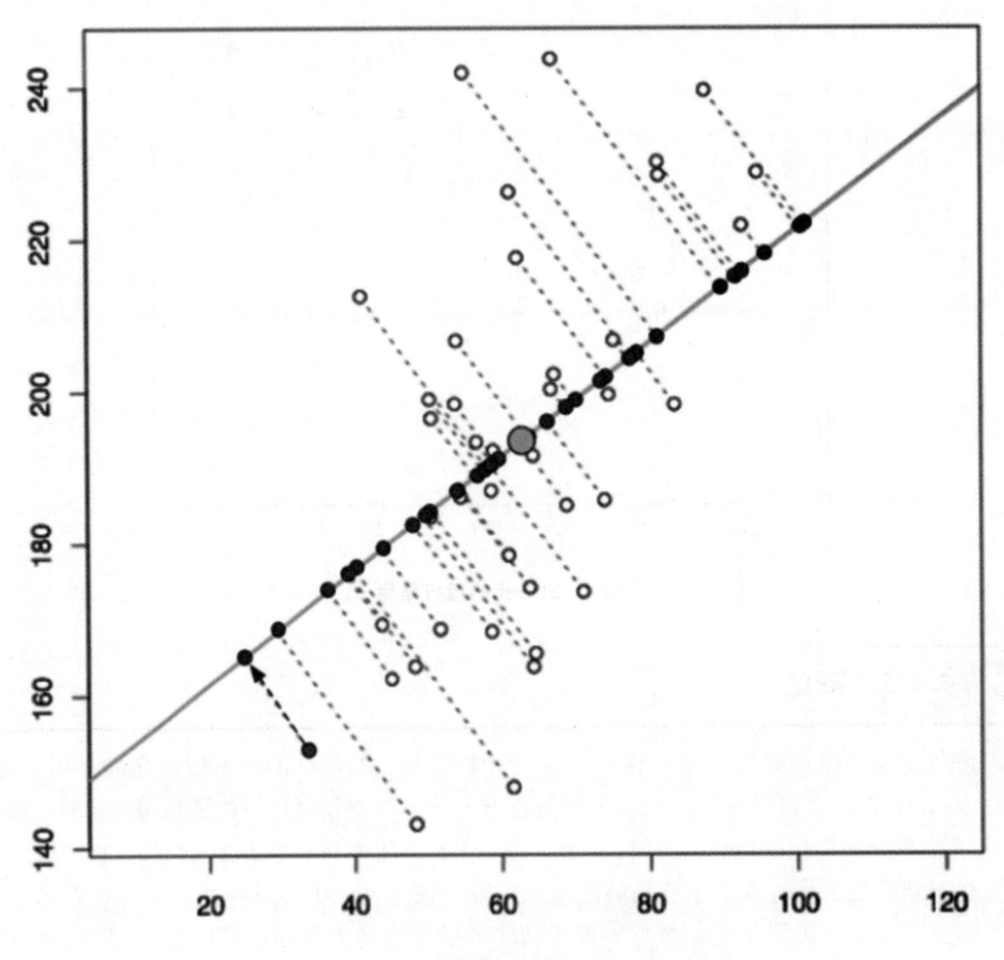

图4-22 将二维数据降维到一维数据示意图

1. PCA 算法步骤

PCA 算法的主要步骤包括：

(1) 去除平均值。

(2) 计算协方差矩阵。

(3) 计算协方差矩阵的特征值和特征向量。

(4) 将特征值排序。

(5) 保留前 N 个最大的特征值对应的特征向量。

(6) 将数据转换到上面得到的 N 个特征向量构建的新空间中(实现特征压缩)。

2. PCA 降维算法实战——鸢尾花(Iris)数据可视化

已知鸢尾花数据集总共有四个维度，所以无法使用可视化将所有的维度都展示出来。但我们可以通过降维的方式将四个维度降低到两个维度，这样就可以将它们可视化地展示出来。其代码如下：

```
#导入需要使用的模块
import matplotlib.pyplot as plt
from sklearn.datasets import load_iris
from sklearn.decomposition import PCA
#加载鸢尾花数据集
iris = load_iris()
#将自变量赋值给 X，目标变量赋值给 Y
X = iris.data
y = iris.target
#设置降维后的维度
n_dim = 2
#创建 PCA 降维模型
pca = PCA(n_components=n_dim)
#对数据集进行降维
X_pca = pca.fit_transform(X)
#设置每种类花的显示样式
marker = ['x', 'o', '^']
#设置画板大小
plt.figure(figsize=(8, 8))
for marker, i, target_name in zip(marker, [0, 1, 2], iris.target_names):
    plt.scatter(X_pca[y == i, 0], X_pca[y == i, 1], marker=marker, label=target_name)
plt.title('pca iris')
plt.legend()
plt.axis([-4, 4, -1.5, 1.5])
plt.show()
```

运行结果如图 4-23 所示。

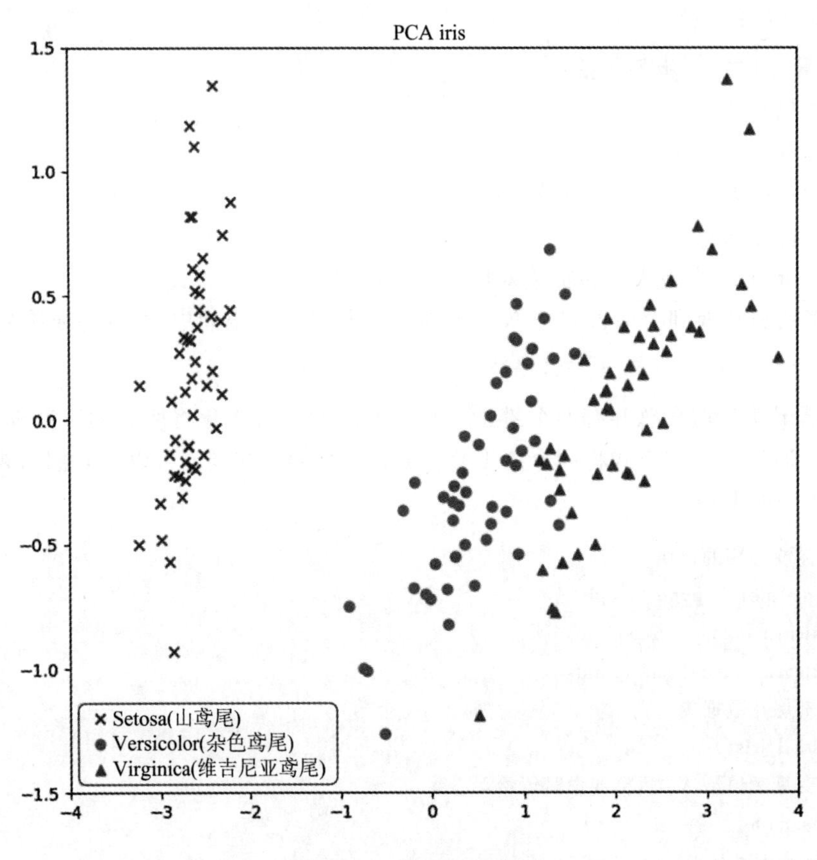

图 4-23 代码运行结果

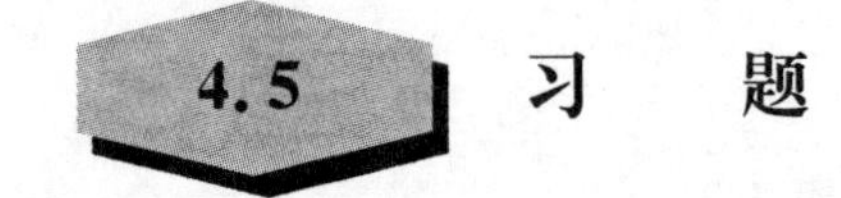

4.5 习 题

1. 选择题

(1) (　　)是机器学习的主要目标。

A. 生成一个算法模型　　B. 优化计算机程序

C. 提高硬件性能　　D. 分析数据结构

(2) 监督学习的基本思想是(　　)。

A. 通过无标签数据训练模型　　B. 通过有标签数据训练模型

C. 通过聚类数据训练模型　　D. 通过数据分组训练模型

(3) 在机器学习中，欠拟合是指(　　)。

A. 模型对训练数据过度拟合　　B. 模型无法捕捉数据的特征

C. 模型无法适应新的数据　　D. 模型对数据的拟合程度过低

(4) *K*-means 聚类算法属于(　　)的机器学习。

A. 无监督学习　　B. 监督学习

C. 半监督学习　　D. 强化学习

(5) (　　)是交叉验证在机器学习中的作用。

A. 评估模型的性能　　B. 训练模型的参数
C. 测试模型的准确度　　D. 选择模型的超参数

(6) 主成分分析(PCA)的主要目标是(　　)。

A. 数据的聚类　　B. 数据的分类
C. 数据的降维　　D. 数据的特征提取

2. 简答题

(1) 解释监督学习和无监督学习的区别，并举例说明各自的应用场景。

(2) 什么是过拟合？如何检测和解决过拟合问题？

(3) 解释交叉验证是什么以及它在机器学习中的作用。

第5章　深度学习与计算机视觉

深度学习(Deep Learning)作为机器学习的一个重要分支，致力于模拟人脑神经网络的工作原理，通过构建深层神经网络模型来处理复杂的数据表示与学习任务。它是实现人工智能突破的关键技术之一，尤其在计算机视觉领域展现出了非凡的能力。

计算机视觉(Computer Vision)是一门研究如何使计算机“看”并理解图像和视频内容的科学，它赋予机器解读视觉世界的能力。深度学习通过其强大的特征提取和表示学习能力，极大地推动了计算机视觉的发展。计算机视觉类似于人类通过眼睛观察世界并理解其中的信息，深度学习模型能够分析图像中的像素，识别出边缘、形状、纹理等基本元素，进而组合这些元素以识别出更高层次的特征，如人脸、物体乃至场景。

例如，在人脸识别技术中，深度学习模型通过训练大量的人脸图像数据集，能够学习到人脸的复杂特征，从而实现高精度的身份识别。在自动驾驶汽车中，计算机视觉结合深度学习技术，能够实时分析道路状况、识别交通标志、检测其他车辆和行人，为安全导航提供决策支持。在医疗领域，深度学习模型可以用于预测患者的疾病进展，提供个性化的治疗建议。

深度学习在计算机视觉中的应用不仅限于这些，它还广泛应用于图像分类、目标检测、语义分割、姿态估计等多个方向，不断刷新着视觉任务处理的精度和效率纪录。随着算法的不断优化和计算能力的提升，深度学习正引领着计算机视觉技术迈向更加智能和实用的未来。

5.1 计算机视觉的发展历程

计算机视觉技术经过几十年的发展，已经在交通(车牌识别、道路违章抓拍)、安防(人脸闸机、小区监控)、金融(刷脸支付、柜台的自动票据识别)、医疗(医疗影像诊断)、工业生产(产品缺陷自动检测)等多个领域应用，影响或正在改变人们的日常生活和工业生产方式。计算机视觉在各领域的应用举例如图5-1所示。

人眼视觉成像原理如图5-2所示。经过很长时间的进化，目前人类的视觉系统已经具备非常高的复杂度和强大的功能。人脑中神经元数目达到了1000亿个，这些神经元通过网络互相连接，这样庞大的视觉神经网络让我们可以很轻松地观察周围的世界。

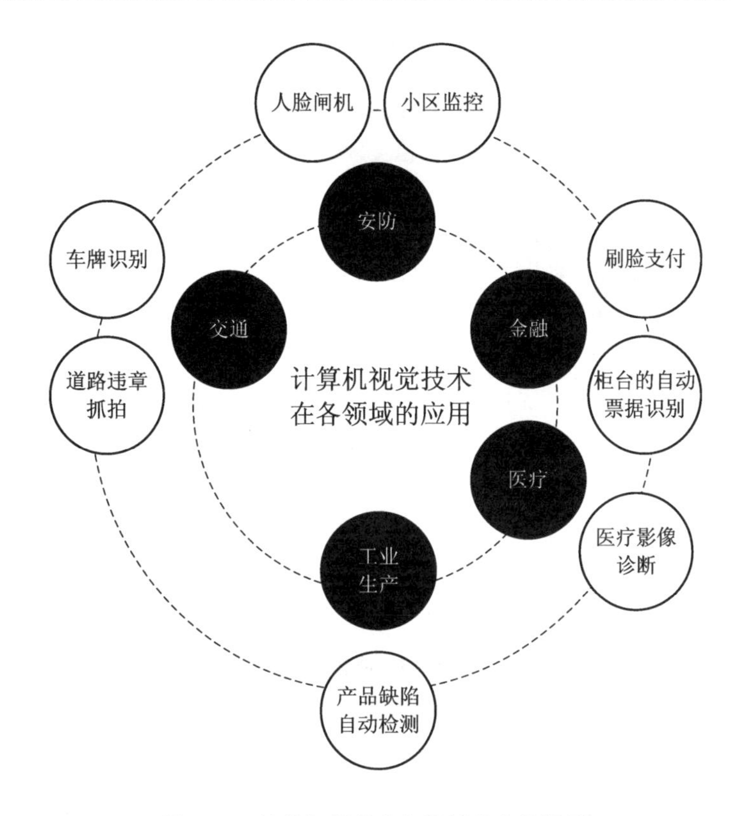

图 5-1　计算机视觉在各领域的应用举例

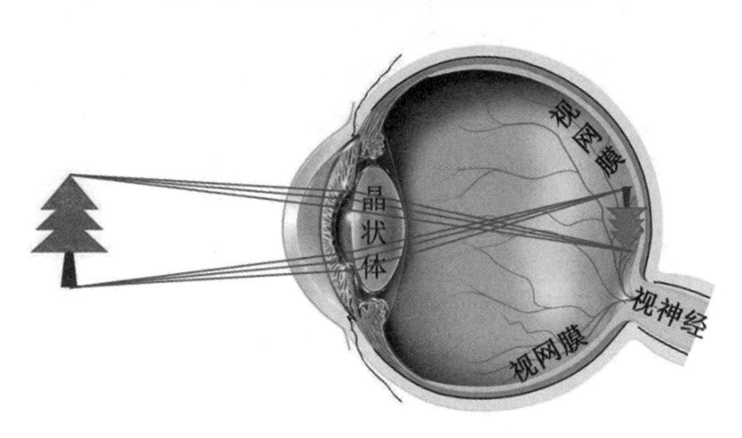

图 5-2　人眼视觉成像原理

对人类来说，识别猫和狗是件非常容易的事；但对计算机来说，这却很难。在早期的图像分类任务中，通常是先人工提取图像特征，再用机器学习算法对这些特征进行分类，分类的结果强依赖于特征提取方法，往往只有经验丰富的研究者才能完成，如图 5-3 所示。

在这种背景下，基于神经网络的特征提取方法应运而生。Yann LeCun 是最早将卷积神经网络应用到图像识别领域的。卷积神经网络示意如图 5-4 所示，其主要逻辑是用卷积

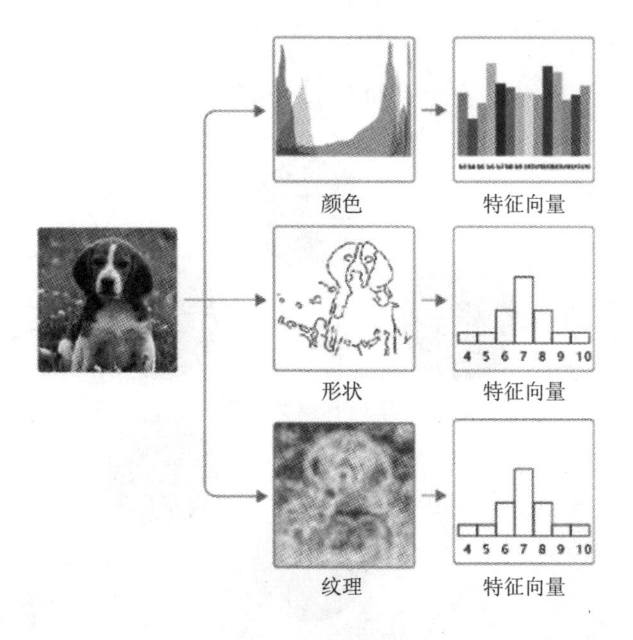

图 5-3 图像分类

神经网络提取图像特征，并对图像所属类别进行预测，通过训练数据不断调整网络参数，最终形成一套能自动提取图像特征并对这些特征进行分类的网络。

图 5-4 卷积神经网络示意图

该方法在手写数字识别任务中取得了极大的成功，但在接下来的时间里，却没有得到很好的发展。其主要原因一方面是数据集不完善，只能处理简单任务，应用在大尺寸的数据上容易发生过拟合；另一方面是硬件瓶颈，网络模型复杂时，计算速度特别慢。

目前，随着互联网技术的不断进步，数据量呈现大规模的增长，越来越丰富的数据集不断涌现。同时，得益于硬件能力的提升，计算机的算力也越来越强大。因此，不断有研究者将新的模型和算法应用到计算机视觉领域，由此催生了越来越丰富的模型结构和更加准确的精度，同时计算机视觉所处理的问题也越来越丰富，包括分类、检测、分割、场景描述、图像生成和风格变换等，甚至不仅局限于二维图片，还包括视频处理技术和 3D 视觉等。

5.2 深度学习库

5.2.1 PyTorch 深度学习库

PyTorch 是一个基于 Python 的开源深度学习框架，由 Meta(原 Facebook)的人工智能研究团队开发和维护。它提供了丰富的工具和接口，用于构建和训练深度神经网络。PyTorch 是许多研究人员和工程师在机器学习领域首选的框架之一，因其易用性、动态计算图和强大的 GPU 加速而受到广泛欢迎。PyTorch 的主要特点包括：

(1) 动态计算图。PyTorch 使用动态计算图，允许用户在运行时定义和修改计算图，提供了更大的灵活性和直观性。

(2) Numpy 兼容性。PyTorch 可以与 NumPy 库无缝集成，方便数据的处理和转换。

(3) 自动求导。PyTorch 提供了自动求导的功能，能够自动计算神经网络中各个参数的梯度，简化了模型训练过程。

(4) 强大的 GPU 加速。PyTorch 充分利用了 GPU 进行加速计算，能够高效地处理大规模的深度学习任务。

PyTorch 的安装命令如下：

```
pip install torch torchvision
```

5.2.2 PaddlePaddle 深度学习库

PaddlePaddle(简称 Paddle)是一个开源的深度学习平台，由百度公司开发和维护。它提供了丰富的工具和接口，用于构建和训练深度神经网络。PaddlePaddle 的目标是为开发者提供高效、灵活且易于使用的深度学习框架，以推动人工智能技术的发展。

PaddlePaddle 的主要特点包括：

(1) 动态计算图和静态计算图。PaddlePaddle 支持动态计算图和静态计算图两种模式，动态计算图适用于快速原型设计和实验，静态计算图则更适合高性能的生产环境。

(2) 大规模分布式训练。PaddlePaddle 提供了分布式训练的能力，可以在多个 GPU 和机器上进行大规模的深度学习训练。

(3) 高性能优化。PaddlePaddle 采用了多种高性能优化技术，如异步计算、自动并行等，以提升深度学习模型的训练和推理速度。

(4) 支持多领域应用。PaddlePaddle 广泛支持计算机视觉、自然语言处理、语音识别等多个领域的深度学习任务。

PaddlePaddle 的安装命令如下：

```
pip install paddlepaddle
```

请注意，安装 PaddlePaddle 时可能需要对操作系统和 Python 版本进行适当的调整。

在 PaddlePaddle 的官方网站上可以找到更详细的安装说明和文档。

5.3 卷积神经网络

5.3.1 卷积神经网络概述

卷积神经网络是目前计算机视觉中使用最普遍的模型结构。一个完整的卷积神经网络结构如图 5-5 所示，主要包括卷积层(Convolution Layer)、池化层(Pooling Layer)、激活函数、丢弃层(Dropout Layer)和全连接层(Fully Connected Layer)，我们在下面的章节会分别介绍。

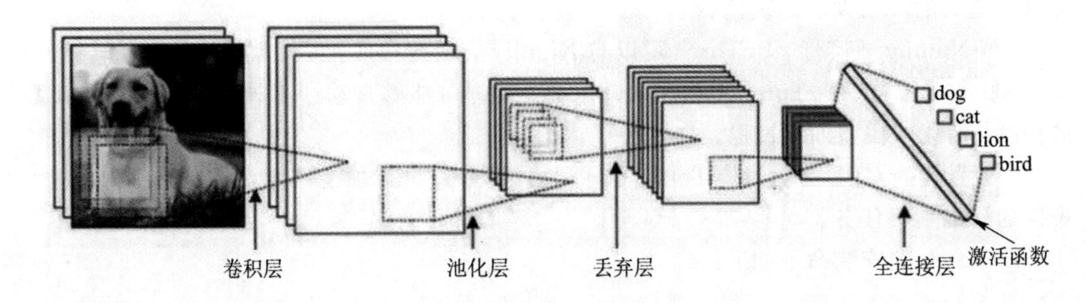

图 5-5 卷积神经网络

1. 张量

张量(Tensor)是数学和物理学中的一个重要概念，也是深度学习和机器学习中的核心数据结构之一。它可以被看作是多维数组或矩阵的扩展，具有多个维度。在数学中，张量是向量和矩阵的推广。一个一维张量就是一个向量，它有一个维度，例如一个包含 n 个元素的向量。一个二维张量就是一个矩阵，它有两个维度，例如一个 m 行 n 列的矩阵。而在更高维度上，张量可以有任意多个维度。

在深度学习和机器学习中，张量是数据的主要表示形式。它们可以表示为输入数据、权重、梯度和模型参数等。张量在这些领域中具有重要的性质和操作。例如，张量可以进行加法、减法、乘法和除法等基本运算，还可以进行张量的转置、重塑、切片和拼接等高级操作。

深度学习模型中的层(Layer)可以看作是对输入张量进行一系列数学运算得到输出张量的函数。这些函数可以通过参数调整来适应数据的模式和特征。通过多个层的堆叠，可以构建出复杂的神经网络模型，用于解决各种机器学习和人工智能的任务，如图像分类、自然语言处理和语音识别等。总之，张量是多维数组的推广，是深度学习和机器学习中的核心数据结构之一，在模型的训练和推断过程中发挥重要作用。

张量的创建可以使用 PyTorch 和 PaddlePaddle。

在 PyTorch 中创建张量非常简单，用户可以使用 torch. Tensor()构造函数或者 torch. tensor()函数来创建张量。使用 PyTorch 创建张量的示例代码如下：

```
import torch

#使用 torch.Tensor()构造函数创建张量
data = [[1, 2, 3], [4, 5, 6]]
tensor1 = torch.Tensor(data)
print(tensor1)
#输出：tensor([[1., 2., 3.],
#              [4., 5., 6.]])

#使用 torch.tensor()函数创建张量
tensor2 = torch.tensor(data)
print(tensor2)
#输出：tensor([[1, 2, 3],
#              [4, 5, 6]])

#指定数据类型创建张量
tensor3 = torch.tensor(data, dtype=torch.float32)
print(tensor3)
#输出：tensor([[1., 2., 3.],
#              [4., 5., 6.]])
```

在上述代码中，首先导入了 torch 模块。然后使用 torch.Tensor()构造函数将 Python 列表 data 转换为张量 tensor1。还可以使用 torch.tensor()函数来创建张量，如示例中的"tensor2"。需要注意的是，torch.tensor()函数可以根据输入数据的类型自动推断张量的数据类型。另外，用户还可以通过在创建张量时指定 dtype 参数来设置张量的数据类型，如示例中的"tensor3"。默认情况下，PyTorch 的张量是在 CPU 上创建的。

在使用 PaddlePaddle 深度学习框架创建张量时，用户可以使用 PaddlePaddle 提供的 paddle.to_tensor()函数。使用 paddle to_tensor()函数创建张量的代码如下：

```
import paddle
#使用 paddle.to_tensor()函数创建张量
data = [1, 2, 3, 4, 5]
tensor1 = paddle.to_tensor(data)
print(tensor1)
```

2. 卷积层(Convolution Layer)

1) 普通卷积操作

卷积操作是深度学习中常用的一种运算，特别在图像处理和计算机视觉任务中被广泛应用。它是卷积神经网络的核心操作之一。

卷积操作通过滑动一个称为卷积核(或过滤器)的小窗口在输入数据上进行计算。卷积核是一个包含权重的小矩阵，它的尺寸通常较小，例如 3×3 或 5×5。卷积核在输入数据上进行局部区域的乘法累加运算，以生成输出特征图。卷积操作如图 5-6 所示。

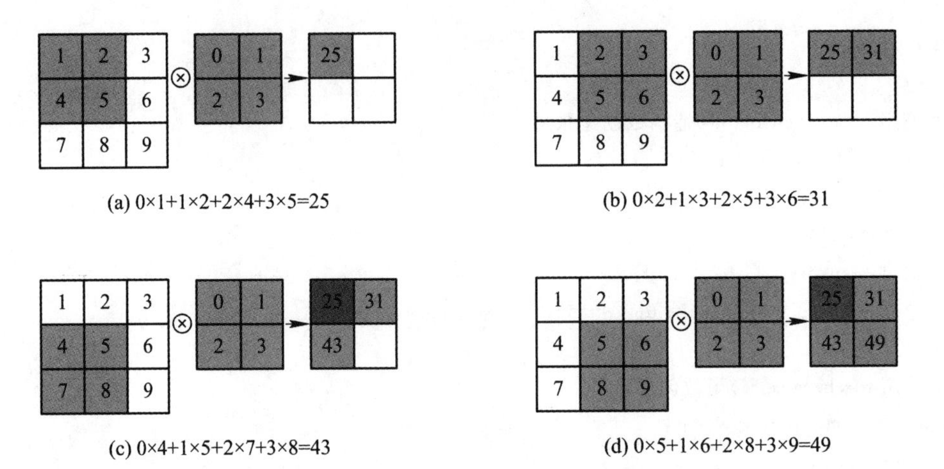

(a) 0×1+1×2+2×4+3×5=25　(b) 0×2+1×3+2×5+3×6=31
(c) 0×4+1×5+2×7+3×8=43　(d) 0×5+1×6+2×8+3×9=49

图 5-6　卷积操作

下面是卷积操作的基本原理：

(1) 定义输入数据(例如图像)和卷积核(或过滤器)。

(2) 将卷积核放置在输入数据的一个位置上，通常从左上角开始。

(3) 对于每个位置，将卷积核的权重与输入数据的对应位置的数值相乘，并将乘积结果相加，得到一个标量值。

(4) 将得到的标量值存储在输出特征图的对应位置。

(5) 移动卷积核到下一个位置，并重复步骤(3)和(4)，直到覆盖整个输入数据。

(6) 输出特征图是卷积操作的结果。

卷积操作的主要优势在于它具有局部连接和权值共享的特性。局部连接意味着卷积核仅在输入数据的局部区域上进行计算，可以捕捉到输入数据的局部模式和特征。权值共享意味着在整个输入数据上使用相同的卷积核，减少了模型的参数数量，提高了模型的效率和泛化能力。卷积操作在深度学习中的应用非常广泛，包括图像分类、目标检测、图像分割和语音识别等任务。它能够从原始数据中提取特征，并逐层堆叠形成深度神经网络，实现对输入数据的高级表示和理解。

除了普通卷积操作，还有一些常见的变种，如步长(stride)、填充(padding)和多通道输入和多通道输出等，用于控制输出特征图的尺寸和感受野大小。

普通卷积操作的 paddle 代码如下：

```
import paddle
import paddle.nn.functional as F
#输入层
x = paddle.to_tensor([[[[1, 2, 3],
[4, 5, 6],
[7, 8, 9]]]], dtype='float32')
#输出层
k = paddle.to_tensor([[[[0, 1], [2, 3]]]], dtype='float32')
y = F.conv2d(x, k, stride=1) #卷积操作
print(y) #输出结果
```

普通卷积操作的 PyTorch 代码如下：

```
import torch
import torch.nn.functional as F

#定义输入张量
input_tensor = torch.tensor([[[[1, 2, 3],
                               [4, 5, 6],
                               [7, 8, 9]]]])  #输入维度为[batch_size, channels, height, width]

#定义卷积核张量
kernel_tensor = torch.tensor([[[[0, 1], [2, 3]]]])  #输入维度为[batch_size, channels, height, width]

#对输入张量进行卷积操作
output_tensor = F.conv2d(input_tensor, kernel_tensor, stride=1)

#打印输出张量的形状
print(output_tensor)
```

2）步长

在卷积操作中，步长(stride)是指卷积核在输入张量上滑动的步长大小。步长决定了卷积核每次移动的距离，从而影响了输出特征图的尺寸。具体来说，步长的大小决定了在进行卷积操作时，卷积核每次沿着输入张量的高度和宽度方向移动的步长数。步长可以是一个标量(例如，stride＝1)，表示在每个维度上移动一个单位；也可以是一个元组(例如，stride＝(2, 2))，表示在高度和宽度方向上分别移动两个单位。不同维度上的步长可以不同，以实现不同的卷积操作，如图 5-7 所示。

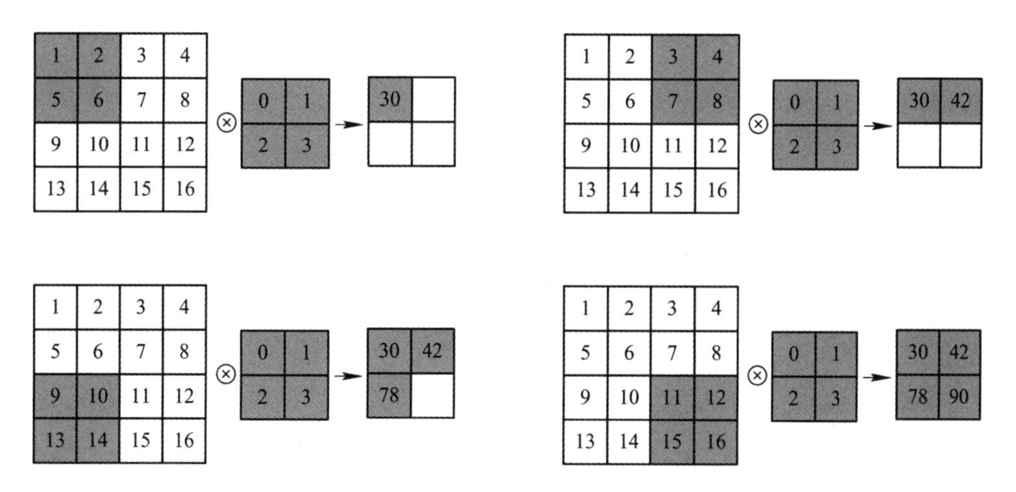

图 5-7　步长＝2 时的卷积图像

通过调整步长的大小，可以控制卷积操作的感受野(receptive field)和输出特征图的尺寸。较大的步长可以减少特征图的尺寸，同时增加每个输出像素的感受野，但可能导致信

息损失和空间分辨率下降。较小的步长可以保持更多的空间信息，但会增加计算成本和内存消耗。

设置步长为 2 的 Paddle 代码如下：

```
import paddle
import paddle.nn.functional as F
x = paddle.to_tensor([[[[1, 2, 3, 4],
                        [5, 6, 7, 8],
                        [9, 10, 11, 12],
                        [13, 14, 15, 16], ]]], dtype='float32')
k = paddle.to_tensor([[[[0, 1], [2, 3]]]], dtype='float32')
y= F.conv2d(x, k, stride=2) #步长设置为 2
print(y)
```

设置步长为 2 的 PyTorch 代码如下：

```
import torch
import torch.nn.functional as F

#定义输入张量
input_tensor = torch.tensor([[[[1, 2, 3, 4],
                               [5, 6, 7, 8],
                               [9, 10, 11, 12],
        [13, 14, 15, 16], ]]])  #输入维度为[batch_size, channels, height, width]

#定义卷积核张量
kernel_tensor = torch.tensor([[[[0, 1], [2, 3]]]])  #输入维度为[batch_size, channels, height,
width]

#对输入张量进行卷积操作
output_tensor = F.conv2d(input_tensor, kernel_tensor, stride=2)
print(output_tensor)
```

3) padding 填充

卷积神经网络中的 padding 填充操作是卷积层中常用的一种技术，它的作用是在卷积运算前对输入图像进行填充，以保持输入图像和输出图像的大小一致。padding 的大小可以分为三种情况：

(1) valid convolutions：不使用 padding，此时 padding 的大小为 0。

(2) same convolutions：使用 padding，保证输出大小和输入大小一样。

(3) 可以按自身需求指定 padding 的大小。

在具体实现中，padding 操作对于网络的训练和测试是非常重要的，因为它可以避免卷积层在运算时对图像的扭曲和拉伸，从而提高网络性能和准确性。

设置输入形状和输出形状相同的 paddle 代码如下：

```
import paddle
import paddle.nn.functional as F

x = paddle.to_tensor([[[[1, 2, 3],
                        [4, 5, 6],
                        [7, 8, 9]]]], dtype='float32')
#输出层
k=paddle.to_tensor([[[[0, 1], [2, 3]]]], dtype='float32')
y=F.conv2d(x, k, stride=1, padding='SAME')  #使得输出形状和输入形状相同
print(y)

#等价于在周围添加0，现将数据变为4×4的，再使用卷积核进行卷积操作
x = paddle.to_tensor([[[[1, 2, 3, 0],
                       [4, 5, 6, 0],
                       [7, 8, 9, 0],
                       [0, 0, 0, 0]]]], dtype='float32')
#输出层
k = paddle.to_tensor([[[[0, 1], [2, 3]]]], dtype='float32')
y = F.conv2d(x, k, stride=1)
print(y)
```

设置输入形状和输出形状相同的PyTorch代码如下：

```
import torch
import torch.nn.functional as F

#定义输入张量
input_tensor = torch.tensor([[[[1, 2, 3],
                               [4, 5, 6],
                               [7, 8, 9]]]])  #输入维度为[batch_size, channels, height, width]

#定义卷积核张量
kernel_tensor = torch.tensor([[[[0, 1], [2, 3]]]])  #输入维度为[batch_size, channels, height, width]

#对输入张量进行卷积操作
output_tensor = F.conv2d(input_tensor, kernel_tensor, stride=1, padding="same")

#打印输出张量的形状
print(output_tensor)

#定义输入张量
input_tensor = torch.tensor([[[[1, 2, 3, 0],
                              [4, 5, 6, 0],
```

```
                    [7, 8, 9, 0],
                    [0, 0, 0, 0]]]])  # 输入维度为[batch_size, channels, height, width]

# 定义卷积核张量
kernel_tensor = torch.tensor([[[[0, 1], [2, 3]]]])  # 输入维度为[batch_size, channels, height, width]

# 对输入张量进行卷积操作
output_tensor = F.conv2d(input_tensor, kernel_tensor, stride=1)

# 打印输出张量的形状
print(output_tensor)
```

4）多通道输入和多通道输出

深度学习的多通道输入和多通道输出是指神经网络模型可以处理多个输入数据流的数据和输出多个通道的数据。在卷积神经网络中，多通道输入意味着输入图像不仅只有一个通道(如RGB图像)，还包括多个通道(如RGB、深度图、语义信息等)。这有助于更好地理解图像中的不同特征，提高模型的性能和准确性。多通道输入和多通道输出的含义分别如下：

多通道输入：在卷积神经网络中，多通道输入意味着神经网络可以处理多个输入数据流。在图像处理中，多通道输入通常是指处理彩色图像，每个通道代表红、绿、蓝三个颜色通道。

多通道输出：在卷积神经网络中，多通道输出意味着神经网络可以输出多个通道的数据。例如，在卷积神经网络中，模型可以输出每个通道的特征图或池化层的输出。这可以提高模型的灵活性和适用性，因为它可以更好地处理不同类型的数据。处理多通道输出时，可以通过将不同通道的数据合并为一个张量来输出。

在卷积神经网络中，多通道输入的处理通常通过将不同通道的图像数据展平为同一长度，然后将它们作为神经网络的输入来实现。在输出层中，每个通道的数据可以被分别输出，或者通过将多个通道的数据合并为一个张量来输出，如图5-8所示。图中，C_{in}表示输入图像的通道数目，H_{in}表示输入图像的高，W_{in}表示输入图像的宽，H_k表示卷积核的高，W_k表示卷积核的宽，H_{out}表示输出图像的高，W_{out}表示输出图像的宽。

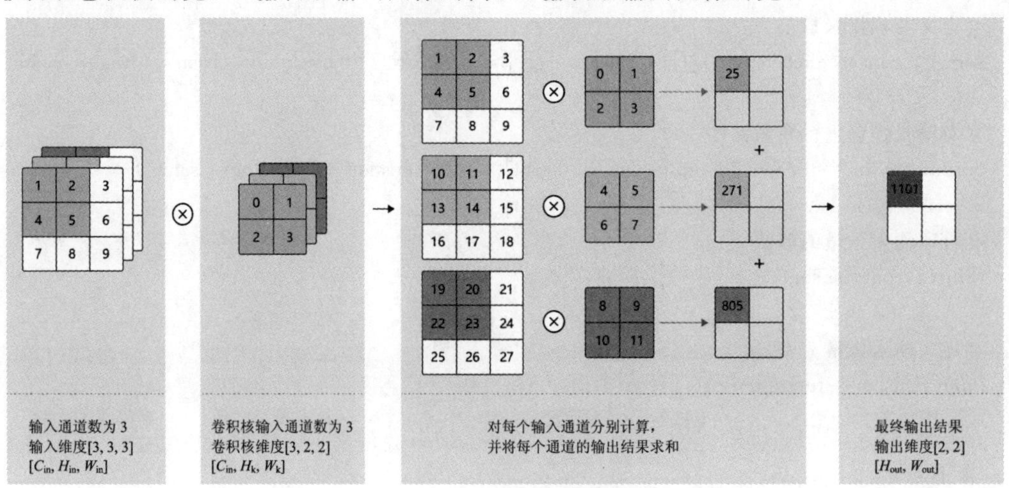

图5-8　多通道输入和输出

设置输入层数为 3 层，卷积核的层数为 3 层，使用 Paddle 框架中的 conv2d()函数展示多通道输入和的 Paddle 代码如下：

```
importpaddle
import paddle.nn.functional as F

x = paddle.to_tensor([[[[1, 2, 3], [4, 5, 6], [7, 8, 9]],
                       [[10, 11, 12], [13, 14, 15], [16, 17, 18]],
                       [[19, 20, 21], [22, 23, 24], [25, 26, 27]]]], dtype='float32')
k =paddle.to_tensor([[[[0, 1], [2, 3]],
                       [[4, 5], [6, 7]],
                       [[8, 9], [10, 11]], ]], dtype='float32')
y = F.conv2d(x, k, stride=1)
print(y)
```

设置输入层数为 3 层，卷积核的层数为 3 层，使用 PyTorch 框架中的 conv2d()函数展示多通道输入和的 PyTorch 代码如下：

```
import torch
import torch.nn.functional as F

#定义输入张量
input_tensor = torch.tensor([[[[1, 2, 3], [4, 5, 6], [7, 8, 9]],
                              [[10, 11, 12], [13, 14, 15], [16, 17, 18]],
                              [[19, 20, 21], [22, 23, 24],
                              [25, 26, 27]]]])  #输入维度为[batch_size, channels,height, width]

#定义卷积核张量
kernel_tensor = torch.tensor([[[[0, 1], [2, 3]],
                              [[4, 5], [6, 7]],
                              [[8, 9], [10, 11]], ]])  #输入维度为[batch_size, channels,
                                                         height, width]

#对输入张量进行卷积操作
output_tensor = F.conv2d(input_tensor, kernel_tensor, stride=1)

#打印输出张量的数据
print(output_tensor)
```

3. 池化层(Pooling Layer)

池化是卷积神经网络中的一种降采样(下采样)操作，用于减少图像尺寸和降低计算复杂度。池化操作可以看作是特征图上的一个局部平均值操作，即将每个特征图上指定大小区域内的值取平均值，得到一个新的特征图。池化操作可以有效地减少特征图的大小，同时保持重要的特征信息，降低模型的过拟合风险。

常用的池化操作包括平均池化(Average Pooling)、最大池化(Max Pooling)和随机池化(Stochastic Pooling)等，如图 5-9 所示。其中最大池化是指从输入特征图的指定大小区域中取最大值作为输出特征图中对应位置的值；平均池化和随机池化类似，分别是指将输入特征图的指定大小区域中的值取平均值或随机值作为输出特征图中对应位置的值。

1	2	3	4
5	6	7	8
9	10	11	12
13	14	15	16

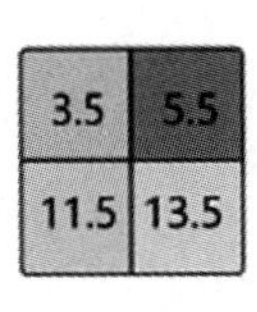

(a) 平均池化

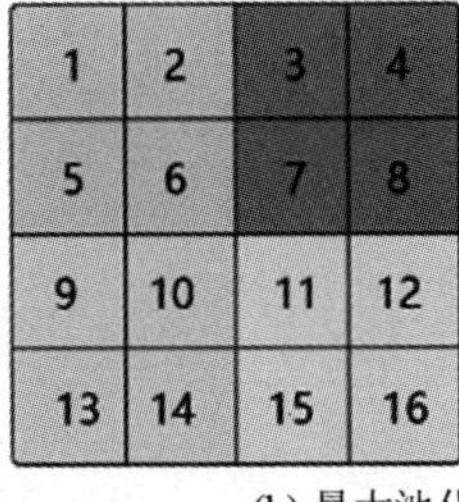

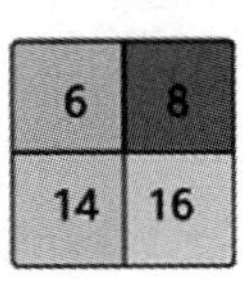

(b) 最大池化

图 5-9　平均池化和最大池化

池化操作可以与卷积操作结合使用，通常在卷积层和全连接层之间放置一个或多个池化层，以进一步减少特征图的大小和降低计算复杂度。池化层的窗口大小、步长和填充方式等参数可以对模型的性能和准确率产生影响，需要合理设置。

池化核大小为 2 的平均池化和最大池化操作的 Paddle 代码如下：

```
import paddle
import paddle.nn.functional as F

x = paddle.to_tensor([[[[1, 2, 3, 4],
                        [5, 6, 7, 8],
                        [9, 10, 11, 12],
                        [13, 14, 15, 16], ]]], dtype='float32')
#平均池化，指定池化核为 2
y = F.avg_pool2d(x, kernel_size=2)
print(y)

#最大池化，指定池化核为 2
y = F.max_pool2d(x, kernel_size=2)
print(y)
```

池化核大小为 2 的平均池化和最大池化操作的 PyTorch 代码如下：

```
import torch
import torch.nn.functional as F

x = torch.tensor([[[[1, 2, 3, 4],
                    [5, 6, 7, 8],
                    [9, 10, 11, 12],
                    [13, 14, 15, 16], ]]], dtype=float)
```

```
#平均池化，指定池化核为2
y = F.avg_pool2d(x, kernel_size=2)
print(y)

#最大池化，指定池化核为2
y = F.max_pool2d(x, kernel_size=2)
print(y)
```

4. 激活函数

在深度学习中，激活函数是一种数学函数，通常应用于神经网络的每个神经元上，用于引入非线性性质和增加模型的表达能力。激活函数将神经元的输入映射到输出，决定神经元是否被激活并将信息传递到下一层。每个激活函数都有其独特的特点和使用场景。以下是深度学习中常见的激活函数：

(1) Sigmoid函数。Sigmoid函数将输入值压缩到0～1。它的公式为$f(x)=1/(1+\exp(-x))$。Sigmoid函数在早期的神经网络中被广泛使用，但近年来在深度学习中的应用有所减少，因为它存在梯度消失的问题。

(2) 双曲正切函数(Tanh)：双曲正切函数将输入值映射到-1～1。它的公式为$f(x)=(\exp(x)-\exp(-x))/(\exp(x)+\exp(-x))$。Tanh函数比Sigmoid函数具有更大的输出范围，但也存在梯度消失的问题。

(3) ReLU(Rectified Linear Unit)函数。ReLU函数在输入大于0时返回输入值，否则返回0，如图5-10所示。它的公式为$f(x)=\max(0, x)$。ReLU函数简单且计算效率高，解决了梯度消失的问题，因此在深度学习中得到广泛应用。

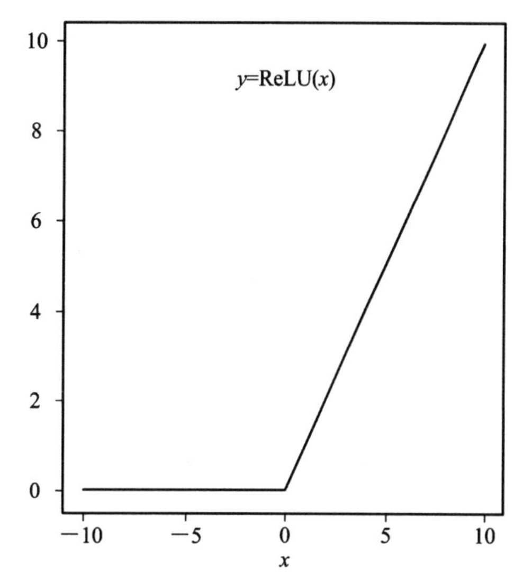

图5-10 ReLU激活函数示意图

(4) Leaky ReLU函数。Leaky ReLU函数是ReLU函数的一种改进形式，当输入小于0时，Leaky ReLU函数返回一个较小的斜率。它的公式为$f(x)=\max(ax, x)$，其中a是一个小于1的常数。Leaky ReLU函数的引入解决了ReLU函数中负数区域出现的“死亡神经元”问题。

(5) PReLU(Parametric Rectified Linear Unit)函数。PReLU函数是Leaky ReLU函数的扩展形式，其中斜率由学习参数确定。PReLU函数可以在训练过程中自适应地调整斜率，使模型更具表达能力。

使用paddle中的激活函数，包含Sigmoid、Tanh、ReLU、Leaky_ReLU激活函数，它们的代码如下：

```
import paddle
import paddle.nn.functional as F

x=paddle.to_tensor([[[[-10, 1, 2, -100]]]], dtype='float32')

#Sigmoid 激活函数
y=F.sigmoid(x)
print(y)

#双曲正切函数(Tanh)激活函数
y=F.tanh(x)
print(y)

#ReLU 函数
y=F.relu(x)
print(y)

#Leaky ReLU 函数
y=F.leaky_relu(x)
print(y)
```

使用 PyTorch 中的激活函数，包含 Sigmoid、Tanh、ReLU、Leaky_ReLU 激活函数，它们的代码如下：

```
import torch
import torch.nn.functional as F

x=torch.tensor([[[[-10, 1, 2, -100]]]], dtype=float)

#Sigmoid 激活函数
y=F.sigmoid(x)
print(y)

#双曲正切函数(Tanh)激活函数
y=F.tanh(x)
print(y)
#ReLU 函数
y=F.relu(x)
print(y)

#Leaky ReLU 函数
y=F.leaky_relu(x)
print(y)
```

5. 丢弃层(Dropout Layer)

Dropout 是一种常用的正则化技术，用于减少深度神经网络中的过拟合问题。它在训练过程中以一定的概率丢弃(即置零)神经网络中的部分神经元，从而降低神经网络的复杂性，增强其泛化能力，如图 5－11 所示。

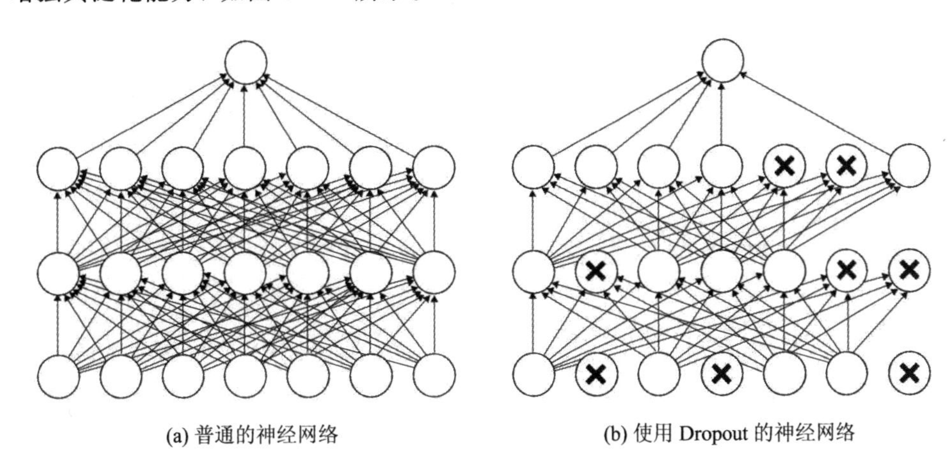

(a) 普通的神经网络　　(b) 使用 Dropout 的神经网络

图 5－11　Dropout 示意图

具体来说，Dropout 在每个训练样本中以概率 p(通常设置为 0.5)丢弃随机选择的神经元。这意味着在每个训练步骤中，神经网络的架构都会发生变化，因为丢弃的神经元不参与前向传播和反向传播过程。这种随机丢弃的过程可以看作是对神经网络进行了集成学习，因为每个训练样本都会遇到不同的网络结构。通过 Dropout 操作，神经网络中的神经元被迫独立地学习有用的特征，而不依赖其他特定神经元的存在。这种随机性使得神经网络对输入的微小变化鲁棒性更好，降低了过拟合风险。在测试阶段，不再进行神经元的丢弃，而是对每个神经元的权重进行缩放，以保持整体的期望输出。这是因为在测试阶段，希望获得一致的预测结果，而不是随机丢弃神经元。

使用 Paddle 中的 Dropout 函数，丢弃率分别设置为 0.5 和 0.9 的代码如下：

```
import paddle
import paddle.nn.functional as F

#生成 1～10 共 10 个数字
x = paddle.to_tensor([[[[1, 2, 3, 4, 5, 6,
                         7, 8, 9, 10]]]], dtype='float32')
#随机丢弃 50%的数据，对于剩下的数据除以(1-0.5)，即乘以 2
y = F.dropout(x, p=0.5)
print(y)

#随机丢弃 90%的数据，对于剩下的数据除以(1-0.9)，即乘以 10
y = F.dropout(x, p=0.9)
print(y)
```

```
# 测试阶段，保留原数据
y = F.dropout(x, p=0.5, training=False)
print(y)
```

使用 PyTorch 中的 Dropout 激活函数，丢弃率分别设置为 0.5 和 0.9 的代码如下：

```
import torch
import torch.nn.functional as F

#生成 1～10 共 10 个数字
x = torch.tensor([[[[1, 2, 3, 4, 5, 6,
                     7, 8, 9, 10]]]], dtype='float')

#随机丢弃 50%的数据，对于剩下的数据除以(1-0.5)，即乘以 2
y = F.dropout(x, p=0.5)
print(y)

#随机丢弃 90%的数据，对于剩下的数据除以(1-0.9)，即乘以 10
y = F.dropout(x, p=0.9)
print(y)

#测试阶段，保留原数据
y = F.dropout(x, p=0.5, training=False)
print(y)
```

6. 全连接层(Fully Connected Layer)

在卷积神经网络（Convolutional Neural Network，CNN）中，全连接层（Fully Connected Layer)是网络的最后一部分，如图 5-12 所示，通常用于将前面的卷积层和池化层的输出转换为最终的预测或分类结果。图中，第一列神经元表示输入层，第二列神经元表示输出层，其间的连接线上的数字表示权重，b 表示偏置，如第一个输出层计算方式为 1×0.1+2×0.2+3×0.3+1=2.4。

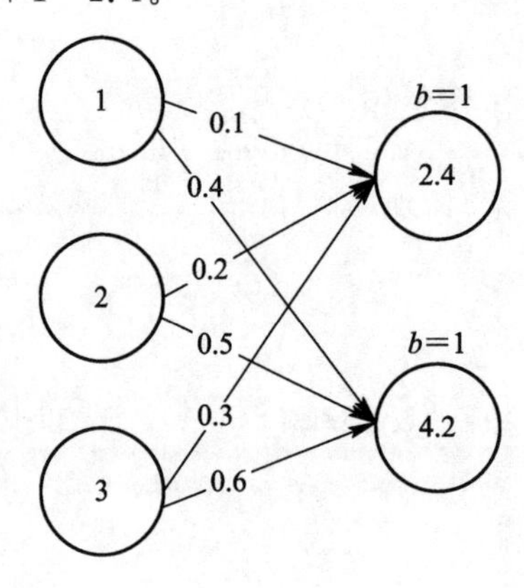

图 5-12　全连接层示意图

全连接层的每个神经元与前一层的所有神经元都有连接，因此它也被称为密集连接层(Dense Layer)。这种全连接的结构允许网络学习输入特征的复杂组合，从而更好地进行分类或回归任务。

在 CNN 中，全连接层通常位于卷积层和池化层之后，并接在最后一个池化层的输出上。该层将输入展平为一个向量，然后通过一个或多个全连接层传递给输出层。全连接层的神经元数量通常与任务的类别数量相对应。

全连接层的每个神经元通过权重和偏置进行计算，常见的激活函数如 ReLU 和 Sigmoid 函数。这些激活函数引入非线性，使网络可以学习更加复杂的特征和决策边界。

在卷积神经网络中，全连接层起到了将卷积层和池化层提取的特征映射转换为最终输出的作用。它通过学习适当的权重和偏置，能够对输入数据进行分类、回归等任务。

使用 Paddle 中的 Linear()函数设置全连接层的代码如下：

```
import paddle
import paddle.nn.functional as F

#定义输入神经元
x = paddle.to_tensor([[1, 2, 3]], dtype='float32')

#定义权重
w = paddle.to_tensor([[0.1, 0.4],
                      [0.2, 0.5],
                      [0.3, 0.6]], dtype='float32')

#定义偏置
b = paddle.to_tensor([1, 1], dtype='float32')

#全连接层，实现 y=wx+b
y = F.linear(x, w, b)
print(y)
```

使用 PyTorch 中的 Linear()函数设置全连接层的代码如下：

```
import torch
import torch.nn.functional as F

#定义输入神经元
x = torch.tensor([[1, 2, 3]], dtype=float)

#定义权重
w = torch.tensor([[0.1, 0.4],
                  [0.2, 0.5],
                  [0.3, 0.6]], dtype=float)
```

```
#定义偏置
b = torch.tensor([1, 1], dtype=float)

#全连接层，实现 y=wx+b
y = F.linear(x, w.T, b)
print(y)
```

5.3.2 模型训练与预测

1. 损失函数

交叉熵损失函数(Cross-Entropy Loss)是卷积神经网络中常用的损失函数之一，特别适用于多类别分类任务。它衡量了模型输出的概率分布与真实标签之间的差异。在分类任务中，假设有 C 个类别，每个样本的真实标签表示为一个 C 维的独热向量(one-hot vector，即其中只有一个元素为 1，表示样本所属的类别，其余元素为 0)。而模型的输出通常是经过 Softmax 函数处理后的概率分布，表示每个类别的预测概率。通过应用该损失函数，我们希望最小化模型预测概率分布与真实标签之间的差异，使预测结果更加接近真实结果。交叉熵损失函数具有以下特点：

(1) 当真实标签和模型的预测概率分布完全一致时，损失函数为 0，表示模型的预测是完全准确的。

(2) 当真实标签和模型的预测概率分布差异较大时，损失函数较大，表示模型的预测与真实结果不一致。

在训练过程中，通过反向传播算法，优化器会根据交叉熵损失函数的梯度信息更新网络参数，使网络能够逐渐学习到更准确的预测。需要注意的是：交叉熵损失函数在多类别分类任务中很常用，但在二分类任务中，可以使用二元交叉熵损失函数(Binary Cross-Entropy Loss)，它与多类别交叉熵损失函数的计算方式类似，但适用于只有两个类别的情况。

使用 Paddle 中的 Softmax_with_cross_entropy 创建交叉熵损失函数的代码如下：

```
import paddle
import paddle.nn.functional as F

#真实值
label = paddle.to_tensor([[1]], dtype="int64")

#预测值
logit = paddle.to_tensor([[0.2, 0.9]], dtype="float32")

#计算 loss
loss = F.softmax_with_cross_entropy(logit, label)
print(loss)
```

在 PyTorch 中，先使用 Softmax，然后使用 cross_entropy 计算交叉熵损失函数的代码如下：

```
import torch
import torch.nn.functional as F

#真实值
label = torch.tensor([0, 1], dtype=float)

#预测值
logit = torch.tensor([0.2, 0.9], dtype=float)

#计算 loss
loss = F.cross_entropy(F.softmax(logit), label)
print(loss)
```

2. 优化算法

在卷积神经网络中，有几种常用的优化算法可用于训练网络。以下是一些常用的卷积网络优化算法：

(1) 随机梯度下降(Stochastic Gradient Descent，SGD)。SGD 是最常见的优化算法之一。它在每个训练样本上计算梯度，并根据学习率更新网络参数。SGD 的缺点是在陡峭的斜坡上可能会出现振荡，因此常常使用学习率衰减等策略来优化收敛性。

(2) 动量优化(Momentum)。动量优化是在 SGD 的基础上引入动量概念的算法。它利用之前的梯度方向来加速学习，并减少振荡。动量优化算法使用指数移动平均来更新梯度，并使用一个动量参数控制更新的方向和速度。

(3) AdaGrad。AdaGrad 算法根据参数的历史梯度信息来调整学习率。它针对每个参数维度使用不同的学习率，较小的学习率分配给较频繁更新的参数，较大的学习率分配给不频繁更新的参数。这样可以有效地适应不同参数的变化范围。

(4) RMSprop。RMSprop 算法是 AdaGrad 的改进版本。它引入了一个衰减系数，以减小学习率的累积影响。RMSprop 通过计算梯度平方的移动平均来调整学习率，并在更新过程中使用衰减系数来控制学习率的变化。

(5) Adam。Adam(Adaptive Moment Estimation)是一种结合了动量优化和 RMSprop 的优化算法。它利用梯度的一阶矩估计和二阶矩估计来自适应地调整学习率。Adam 算法通过动量项和自适应学习率来加快训练速度和收敛性，并在许多实际情况下表现出色。

以上列举的优化算法只是卷积网络中常见的一些选择，实际上还有其他的优化算法，如 AdaDelta、Nadam 等。优化算法的选择取决于具体的任务、网络结构和数据集的特点，可以根据实验结果来调整和选择最适合的算法

3. 训练和预测阶段

在卷积神经网络中，训练和预测是两个主要的阶段。下面分别介绍 CNN 的训练和预测过程。

1）训练阶段

（1）数据准备。准备带有标签的训练数据集，包括输入图像和对应的标签（例如图像的类别）。

（2）网络构建。定义 CNN 的结构，包括卷积层、池化层、全连接层等。可以使用深度学习框架（如 PaddlePaddle、TensorFlow、PyTorch 等）来构建网络结构。

（3）前向传播。将图像输入到 CNN 中，通过一系列的卷积和池化操作得到特征表示。

（4）损失计算。将 CNN 的输出与真实标签进行比较，计算损失函数（如交叉熵损失函数）的值，衡量模型输出与真实标签之间的差异。

（5）反向传播。根据损失函数的梯度，使用反向传播算法更新网络参数，以减小损失函数的值。反向传播可以通过优化算法（如随机梯度下降、Adam 等）来实现。

（6）重复训练步骤。重复进行前向传播、损失计算和反向传播，通过多次迭代优化网络参数，使模型能够逐渐拟合训练数据集，提高性能。

2）预测阶段

（1）数据准备。准备待预测的数据，可以是单张图像或一批图像。

（2）加载模型。加载已经训练好的 CNN 模型，包括网络结构和训练得到的参数。

（3）前向传播。将输入数据传递到 CNN 中，通过前向传播过程获取模型的输出。

（4）后处理。根据任务需求对模型的输出进行后处理，例如应用适当的激活函数、阈值处理、解码等。

（5）得到预测结果。根据后处理后的输出，得到最终的预测结果，可以是类别标签、目标检测框、分割结果等。

需要注意的是，训练和预测过程在数据的处理上有所不同。训练阶段需要提供标签信息，计算损失并进行参数更新；而预测阶段只需要输入待预测数据，获取模型的输出结果。另外，在训练过程中还需要设置训练的轮数、学习率等超参数，并进行模型评估和验证；而在预测阶段，主要关注模型在新数据上的表现和推断速度。

5.4　常见的卷积神经网络模型

卷积神经网络（CNN）是深度学习中常用于处理图像和视觉任务的模型。以下是一些常见的卷积神经网络模型：

（1）LeNet-5。LeNet-5 是由 Yann LeCun 等人于 1998 年提出的经典卷积神经网络模型，如图 5－13 所示。LeNet-5 主要用于手写数字识别，包括卷积层、池化层和全连接层。

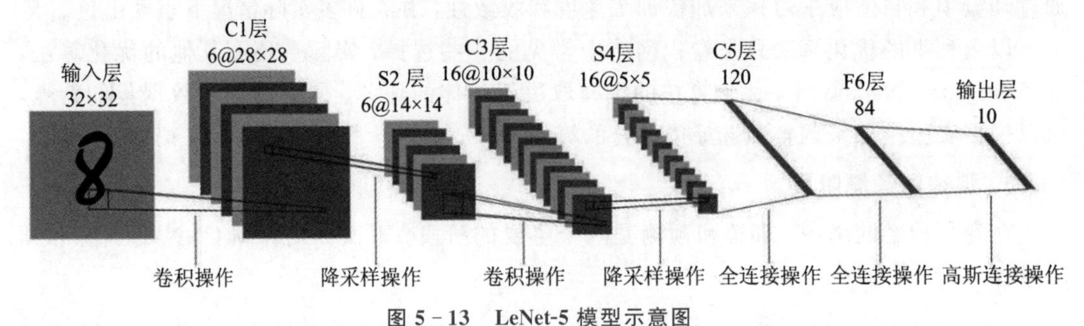

图 5－13　LeNet-5 模型示意图

LENET5 一共由 7 层组成，分别是 C1、C3、C5 卷积层，S2、S4 降采样层(降采样层又称池化层)，F6 为一个全连接层，输出是一个高斯连接层，该层使用 softmax 函数对输出图像进行分类。为了对应模型输入结构，将 MNIST 中的 28×28 的图像扩展为 32×32 像素大小。下面对每一层进行详细介绍。

① C1 卷积层由 6 个大小为 5×5 的不同类型的卷积核组成，卷积核的步长为 1，没有零填充，卷积后得到 6 个 28×28 像素大小的特征图；

② S2 为最大池化层，池化区域大小为 2×2，步长为 2，经过 S2 池化后得到 6 个 14×14 像素大小的特征图；

③ C3 卷积层由 16 个大小为 5×5 的不同卷积核组成，卷积核的步长为 1，没有零填充，卷积后得到 16 个 10×10 像素大小的特征图；

④ S4 最大池化层，池化区域大小为 2×2，步长为 2，经过 S4 池化后得到 16 个 5×5 像素大小的特征图；

⑤ C5 卷积层由 120 个大小为 5×5 的不同卷积核组成，卷积核的步长为 1，没有零填充，卷积后得到 120 个 1×1 像素大小的特征图；

⑥ 将 120 个 1×1 像素大小的特征图拼接起来作为 F6 的输入，F6 为一个由 84 个神经元组成的全连接隐藏层，激活函数使用 Sigmoid 函数；

⑦ 最后的输出层是一个由 10 个神经元组成的 Softmax 高斯连接层，可以用来做分类任务。

(2) AlexNet。AlexNet 由 Alex Krizhevsky 等人于 2012 年提出，他们在当年的 ImageNet 比赛中凭借此网络获得冠军。AlexNet 模型如图 5-14 所示。AlexNet 是一个较深的卷积神经网络，采用了多个卷积层和池化层，并引入了 ReLU 激活函数。AlexNet 输入为 RGB 三通道的 224×224×3 大小的图像(也可填充为 227×227×3)。AlexNet 共包含 5 个卷积层(包含 3 个池化)和 3 个全连接层。其中每个卷积层都包含卷积核、偏置项、ReLU 激活函数和局部响应归一化(LRN)模块。第 1、2、5 个卷积层后面都跟着一个最大池化层，后 3 个层为全连接层。最终输出层为 softmax，将网络输出转化为概率值，用于预测图像的类别。

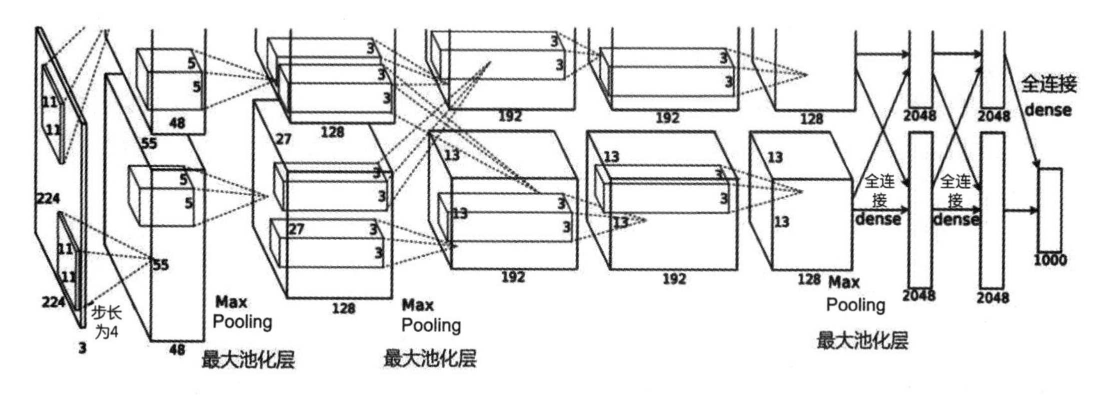

图 5-14 AlexNet 模型示意图

(3) VGGNet。VGGNet 由 Karen Simonyan 和 Andrew Zisserman 于 2014 年提出。VGGNet 具有深层的结构，通过堆叠多个小尺寸的卷积核和池化层来提取图像特征。

VGGNet 的主要特点是网络结构均匀，有着较小的卷积核尺寸。

(4) GoogLeNet(Inception)。GoogLeNet 由 Christian Szegedy 等人于 2014 年提出。GoogLeNet 采用了 Inception 模块，通过并行的卷积层和池化层，使用 1×1 的卷积核进行降维，减少了网络参数数量。GoogLeNet 具有较高的网络性能和较低的计算复杂度。

(5) ResNet(Residual Network)。ResNet 由 Kaiming He 等人于 2015 年提出。ResNet 引入了残差连接(Residual Connection)的概念，通过跳跃连接将输入特征与输出特征相加，解决了深层网络的梯度消失问题，使网络可以更容易地训练和优化。

(6) DenseNet。DenseNet 由 Gao Huang 等人于 2016 年提出。DenseNet 采用密集连接(Dense Connection)，将每一层的特征图与之前所有层的特征图连接起来。这种密集连接的结构可以促进特征传递和梯度流动，有效地减轻了梯度消失问题，并提高了特征的重用性。

以上列举的是一些经典和常见的卷积神经网络模型，它们在不同的图像分类和视觉任务中体现出了很好的性能。这些模型的结构和思想对后续的研究和发展产生了深远的影响，并为其他更复杂的模型的设计提供了基础。此外，还有许多其他的卷积神经网络模型，如 MobileNet、EfficientNet、Xception 等。

5.5 图像预处理

深度学习中的图像预处理是指在将图像输入神经网络之前对其进行一系列的处理和转换，以提高深度学习模型的性能和准确度。图像预处理在深度学习任务中非常重要，可以帮助模型更好地理解和提取图像中的特征。

下面是一些常见的深度学习图像预处理技术：

(1) 图像缩放。图像缩放用于将图像调整为统一的大小，通常是为了满足网络的输入要求。常见的缩放方法包括保持纵横比的缩放、裁剪或填充图像以匹配指定的大小。

(2) 标准化。标准化是对图像进行标准化处理，使其具有零均值和单位方差。这种预处理技术有助于加快收敛速度并提高模型的稳定性。

(3) 均衡化。均衡化即图像直方图均衡化，是一种常见的图像增强技术，它通过调整图像的像素分布来增加图像的对比度和亮度，使图像中的细节更加清晰。

(4) 数据增强。数据增强通过应用多种随机变换来扩增训练数据集。这些变换包括随机旋转、平移、翻转、缩放、裁剪等操作，用以增加数据的多样性和泛化能力，提高模型的鲁棒性。

(5) 彩色空间转换。彩色空间转换是将图像从 RGB 空间转换到其他颜色空间，如灰度空间(grayscale)或者 HSV(Hue Saturation Value)空间。这种转换可以减少数据维度，提高计算效率，有时能够增强图像中特定的信息。

(6) 图像滤波。图像滤波应用各种滤波器(如高斯滤波器、中值滤波器)对图像进行平滑处理或者边缘检测，以去除噪声、增强图像特征，或者提取感兴趣的图像细节。

(7) 样本均衡化。在不平衡数据集中，一些类别的样本可能数量较少，这会导致模型对这些类别的学习效果较差。通过欠采样、过采样或生成合成样本等方法，可以平衡数据集中不同类别的样本分布，这种操作就是样本均衡化。

（8）图像中心裁剪。图像中心裁剪用于调整图像的大小或去除图像边缘不需要的部分。具体来说，图像中心裁剪是指从图像的中心点开始，按照指定的尺寸向四周裁剪图像，保留图像中心区域的内容，而丢弃图像边缘的部分。

在 Paddle 中使用 Transforms 库中的 CenterCrop()函数将图像中心裁剪为 224×224 大小的图像，其代码如下：

```
import cv2
from matplotlib import pyplot as plt
from paddle.vision.transforms import CenterCrop

# 中心裁剪 224×224 像素的图像
transform = CenterCrop(224)

# 读取图片
image = cv2.imread('sample1.png')

# 完成转换
image_after_transform = transform(image)

# 图像展示
plt.subplot(1, 2, 1)
plt.title('origin image')
plt.imshow(image[:, :, ::-1]) # 展示原始图像
plt.subplot(1, 2, 2)
plt.title('CenterCrop image')
plt.imshow(image_after_transform[:, :, ::-1]) # 展示转换之后的图片
plt.show()
```

在 PyTorch 中使用 Torchvision 库中的 center_crop()函数将图像中心裁剪为 224×224 大小的图像，代码如下：

```
import torchvision.transforms.functional as TF
from PIL import Image
import cv2
import matplotlib.pyplot as plt

# 读取图片
image = cv2.imread('sample1.png')
orig_img = cv2.cvtColor(image, cv2.COLOR_BGR2RGB) # cv2 和 plt 的通道顺序不同
orig_img = Image.fromarray(orig_img) # 转为 PIL 格式图片

# 中心裁剪 224×224 像素的图像
center_crop_img_2 = TF.center_crop(orig_img, 224)
```

```
#图像展示
plt.subplot(1, 2, 1)
plt.title('origin image')
plt.imshow(orig_img) #展示原始图像
plt.subplot(1, 2, 2)
plt.title('CenterCrop image')
plt.imshow(center_crop_img_2) #展示转换之后的图片
plt.show()
```

以上是深度学习中常见的图像预处理技术，选择合适的预处理方法取决于具体的任务和数据集。预处理的目标是使输入数据更适合深度学习模型的训练。

5.6 基于 CIFAR-10 数据集的图像分类

CIFAR-10 是一个常用的图像分类数据集，广泛应用于深度学习和计算机视觉领域的算法验证和性能评估，如图 5－15 所示。CIFAR－10 数据集包含了 10 个不同类别的 60 000 张 32×32 彩色图像，每个类别有 6000 张图像。这些图像被分为训练集和测试集，其中，训练集有 50 000 张图像，测试集有 10 000 张图像。

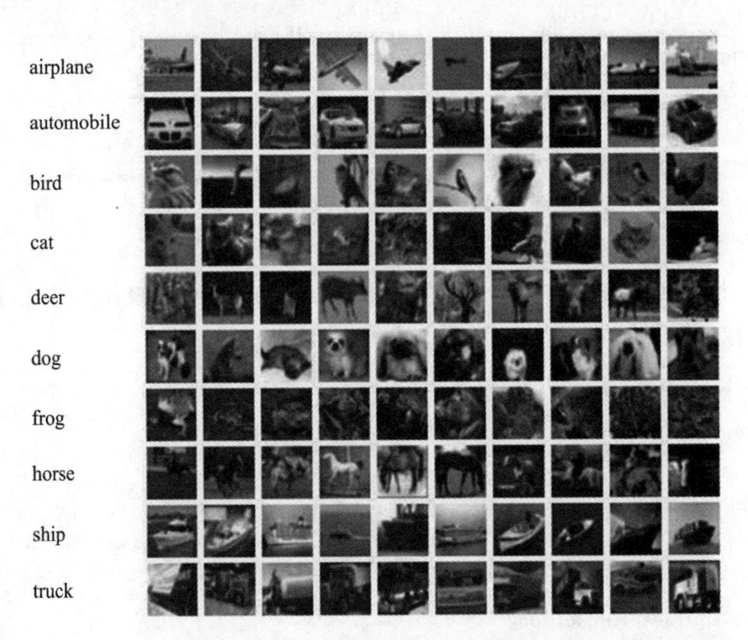

图 5－15 CIFAR-10 数据示意图

CIFAR-10 数据集中的 10 个类别分别是：

（1）飞机(airplane)。

（2）汽车(automobile)。

（3）鸟(bird)。

（4）猫(cat)。

(5) 鹿(deer)。
(6) 狗(dog)。
(7) 青蛙(frog)。
(8) 马(horse)。
(9) 船(ship)。
(10) 卡车(truck)。

本节通过自主搭建网络模型，完成模型的训练和预测，并且输出结果。

使用 Paddle 导入 CIFAR-10 数据集，对数据集划分训练集和测试集，搭建自定义的 CNN，进行训练和测试的代码如下：

```
import paddle
import paddle.nn.functional as F
frompaddle.vision.transforms import Resize, Transpose
from paddle.nn import Conv2D, MaxPool2D, Linear, Flatten
from paddle.vision.transforms import Compose, Normalize

t = Compose([Resize(size=227),    #图像变为 227×227
            Normalize(mean=[127.5, 127.5, 127.5], std=[127.5, 127.5, 127.5], data_format
='HWC'),   #图像归一化
            Transpose()
            ])

#导入 CIFAR-10 数据集，分为训练集和测试集
cifar10_train = paddle.vision.datasets.cifar.Cifar10(mode='train', transform=t, backend='cv2')
cifar10_test = paddle.vision.datasets.cifar.Cifar10(mode="test", transform=t, backend='cv2')

#定义模型
class CNN(paddle.nn.Layer):
    def __init__(self):
        super(CNN, self).__init__()
        #卷积层 1，输出通道数为 6，卷积核=5，步长为 1
        self.conv1 = Conv2D(in_channels=3, out_channels=6, kernel_size=5, stride=1)
        #最大池化层 1，池化核大小为 2，步长为 2
        self.maxpool1 = MaxPool2D(kernel_size=2, stride=2)
        #卷积层 2，输出通道数为 16，卷积核=5，步长为 1
        self.conv2 = Conv2D(in_channels=6, out_channels=16, kernel_size=5, stride=1)
        #最大池化层 2，池化核大小为 2，步长为 2
        self.maxpool2 = MaxPool2D(kernel_size=2, stride=2)
        #平铺操作
        self.flatten = Flatten()
        #全连接层，输出神经元 10=类别数量
        self.linear1 = Linear(44944, 10)   #根据具体输入图像大小改变
```

```
    def forward(self, x):
        x = self.conv1(x)
        x = self.maxpool1(x)
        x = F.relu(x)
        x = self.conv2(x)
        x = self.maxpool2(x)
        x = F.relu(x)
        x = self.flatten(x)
        x = self.linear1(x)
        return x

#打印模型架构
print(paddle.summary(CNN(), (1, 3, 227, 227)))

model = paddle.Model(CNN())
model.prepare(paddle.optimizer.Adam(parameters=model.parameters()),  #定义优化器
              paddle.nn.CrossEntropyLoss(),                          #定义损失函数
              paddle.metric.Accuracy())                              #定义评价指标

#模型训练
model.fit(cifar10_train, epochs=50, batch_size=32, verbose=1)

#模型验证
model.evaluate(cifar10_test, verbose=1)
```

使用 PyTorch 导入 CIFAR-10 数据集，对数据集划分训练集和测试集，搭建自定义的 CNN，进行训练和测试的代码如下：

```
import torch
from torch import nn
import torchvision
import torchvision.transforms as transforms
from torchsummary import summary

#判定 GPU 是否存在
device = torch.device('cuda' if torch.cuda.is_available() else 'cpu')

#定义数据预处理的方式
transform = transforms.Compose([
    transforms.Resize(227),
    transforms.ToTensor(),
    transforms.Normalize([0.485, 0.456, 0.406],
                         [0.229, 0.224, 0.225])])
```

```
#CIFAR-10 数据集
train_dataset = torchvision.datasets.CIFAR10(root='./data/',
                                             train=True,
                                             transform=transform,
                                             download=True)

test_dataset = torchvision.datasets.CIFAR10(root='./data/',
                                            train=False,
                                            transform=transforms.ToTensor())

train_loader = torch.utils.data.DataLoader(dataset=train_dataset,
                                           batch_size=100,
                                           shuffle=True)

test_loader = torch.utils.data.DataLoader(dataset=test_dataset,
                                          batch_size=100,
                                          shuffle=False)

class CNN(nn.Module):
    def __init__(self):
        super().__init__()
        self.conv1 = nn.Conv2d(3, 32, kernel_size=(5, 5), stride=2)
        self.maxpool1 = nn.MaxPool2d(kernel_size=(2, 2))
        self.relu = nn.ReLU()

        self.conv2 = nn.Conv2d(32, 32, kernel_size=(5, 5), stride=2)
        self.maxpool2 = nn.MaxPool2d(kernel_size=(2, 2))

        self.conv3 = nn.Conv2d(32, 64, kernel_size=(5, 5), stride=2)
        self.maxpool3 = nn.MaxPool2d(kernel_size=(2, 2))

        self.flatten = nn.Flatten()
        self.fc1 = nn.Linear(256, 64)
        self.fc2 = nn.Linear(64, 10)

    def forward(self, input):
        x = self.conv1(input)
        x = self.maxpool1(x)
        x = self.relu(x)

        x = self.conv2(x)
        x = self.maxpool2(x)
        x = self.relu(x)
```

```
        x = self.conv3(x)
        x = self.maxpool3(x)
        x = self.relu(x)

        x = self.flatten(x)

        x = self.fc1(x)
        x = self.fc2(x)
        return x

model = CNN()
#打印模型架构
print(summary(model, (3, 227, 227)))

#损失函数和优化算法
criterion = nn.CrossEntropyLoss()
optimizer = torch.optim.Adam(model.parameters(), lr=0.001)

#训练模型
total_step = len(train_loader)
num_epochs = 50
for epoch in range(num_epochs):
    for i, (images, labels) in enumerate(train_loader):
        images = images.to(device)
        labels = labels.to(device)

        #前向传播+计算 loss
        outputs = model(images)
        loss = criterion(outputs, labels)

        #后向传播+调整参数
        optimizer.zero_grad()
        loss.backward()
        optimizer.step()

        _, predicted = torch.max(outputs.data, 1)
        correct = (predicted == labels).sum().item()
        #每 100 个 batch 打印一次数据
        if (i + 1) % 10 == 0:
            print("Epoch [{}/{}], Step [{}/{}] Loss: {:.4f} acc: {}%"
                .format(epoch + 1, num_epochs, i + 1, total_step, loss.item(), correct))
```

```
#模型测试部分
#测试阶段不需要计算梯度，注意
model.eval()
with torch.no_grad():
    correct = 0
    total = 0
    for images, labels in test_loader:
        images = images.to(device)
        labels = labels.to(device)
        outputs = model(images)
        _, predicted = torch.max(outputs.data, 1)
        total += labels.size(0)
        correct += (predicted == labels).sum().item()
    print('Accuracy of the model on the test images: {} %'.format(100 * correct / total))
```

5.7 基于百度 EasyDL 平台完成图像分类

百度 EasyDL 基于飞桨开源深度学习平台，面向企业 AI 应用开发者提供零门槛 AI 开发平台，实现零算法基础定制高精度 AI 模型。EasyDL 提供一站式的智能标注、模型训练、服务部署等全流程功能，内置丰富的预训练模型，支持公有云、设备端、私有服务器、软硬一体方案等灵活的部署方式。本节用百度的 EasyDL 完成数据导入、数据标记、模型训练、模型发布、后台预测等工作，无须自己搭建网络，步骤如下：

(1) 选择任务，使用图像分类，如图 5-16 所示。

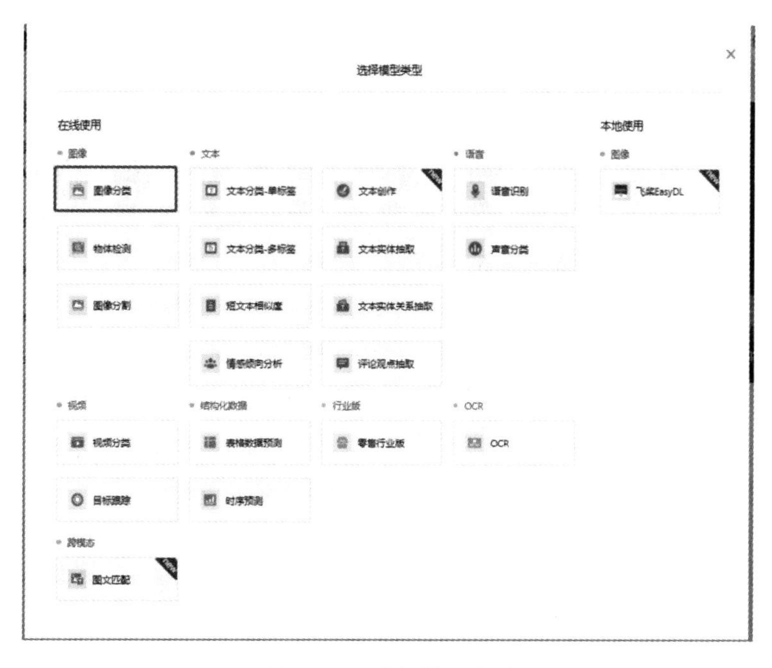

图 5-16 选择模型类型

（2）上传数据，从本地文件夹选取数据进行上传，如图 5－17 所示。

图 5－17 创建数据集

实例包括 30 张图片，如图 5－18 所示。

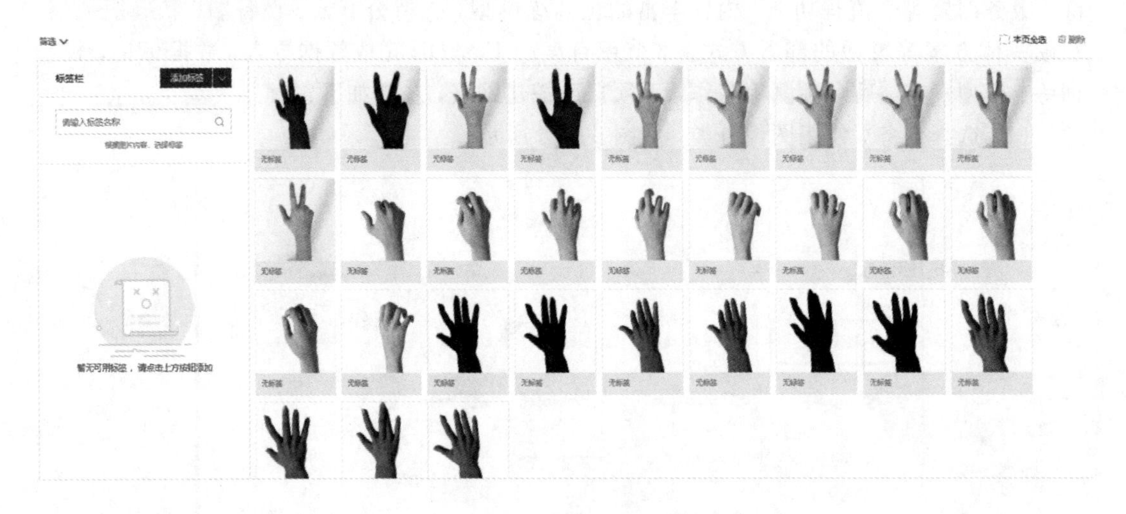

图 5－18 图像实例

（3）数据标注如图 5－19 所示。

（4）创建模型与训练模型分别如图 5－20 、图 5－21 所示。

（5）模型发布如图 5－22 所示。

通过使用 EasyDL，我们完成了数据标注、模型训练和模型发布，这有利于我们快速地验证模型。

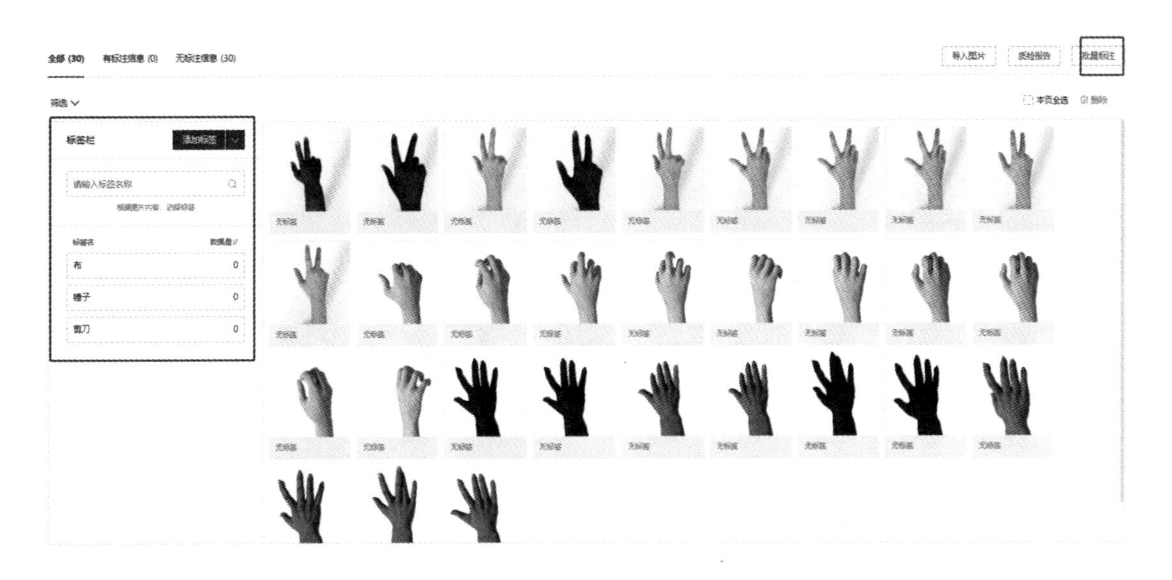

图 5－19　数据标注

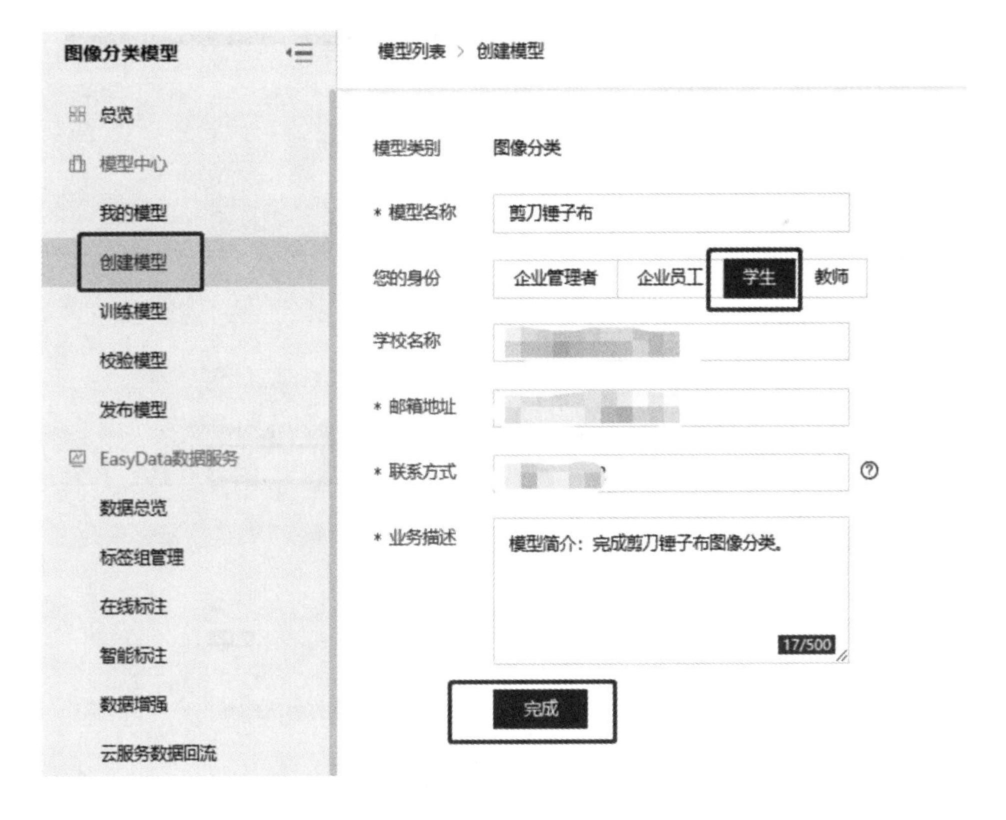

图 5－20　创建模型

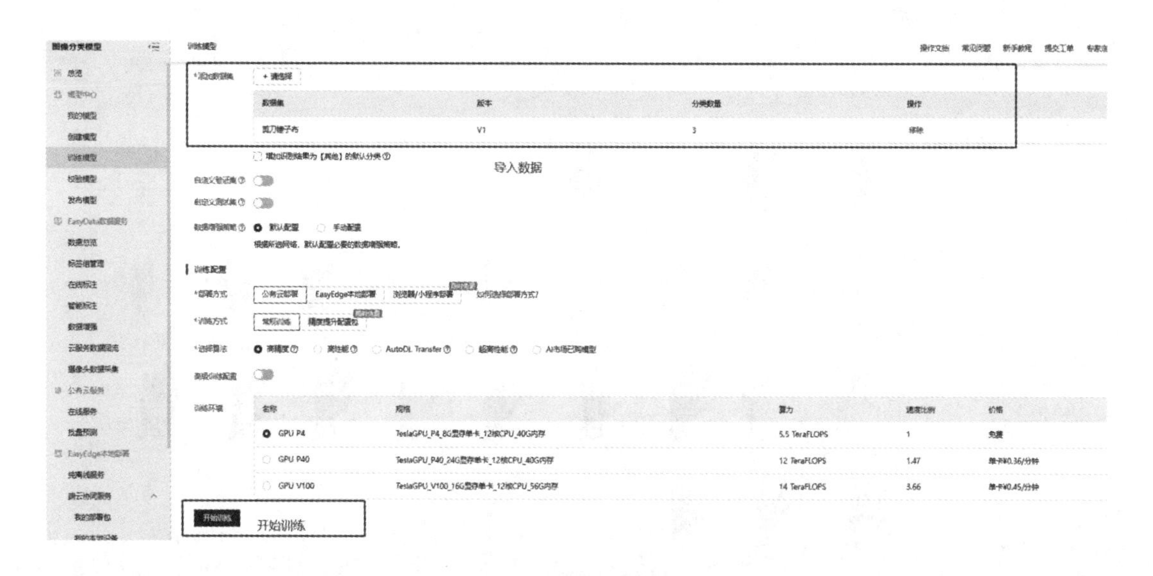

图 5-21　训练模型

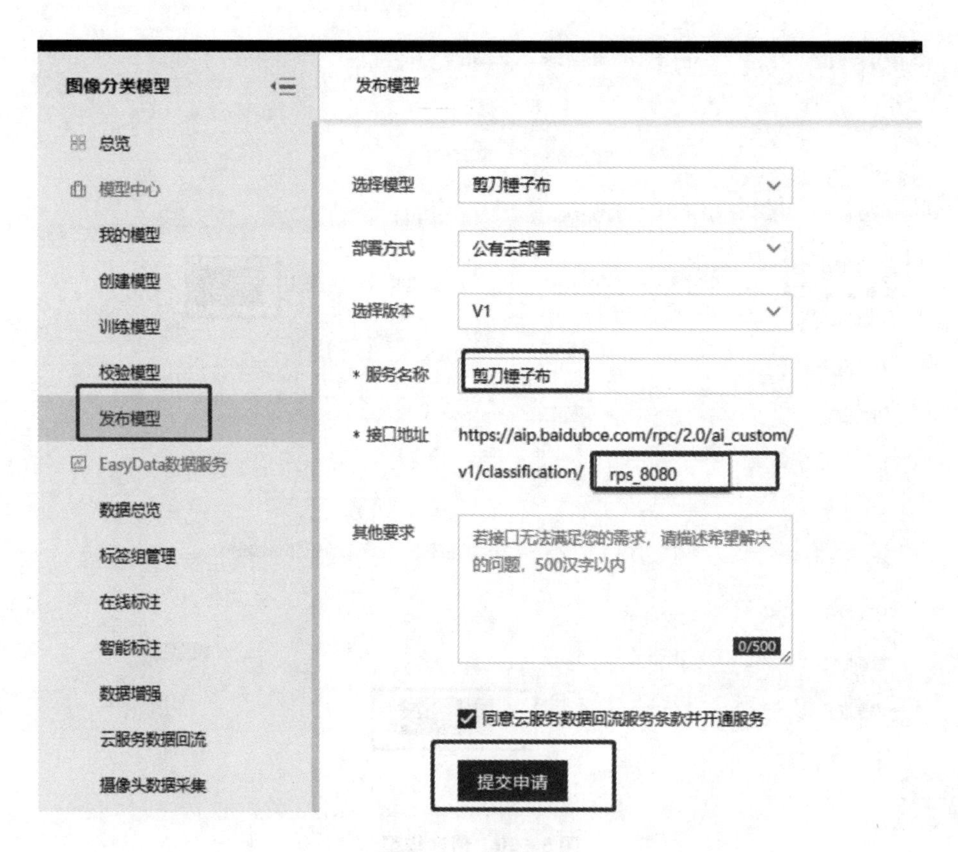

图 5-22　模型发布

5.8　习　题

1. 选择题

(1) 在卷积神经网络中，卷积操作的主要作用是(　　)。

A. 特征提取　　B. 数据降维

C. 参数初始化　　D. 损失函数优化

(2) 池化操作的主要目的是(　　)。

A. 增加图像分辨率　　B. 减少图像大小

C. 增加图像深度　　D. 增加图像噪声

(3) ReLU 激活函数的特点是(　　)。

A. 全局最优解　　B. 解决梯度消失问题

C. 可能导致神经元死亡　　D. 具有指数增长特性

(4) 深度学习与传统机器学习的主要区别之一是(　　)。

A. 需要大量标记数据　　B. 可以自动提取特征

C. 仅适用于分类问题　　D. 计算速度更快

(5) 在卷积神经网络中，参数共享的主要目的是(　　)。

A. 减少模型参数数量　　B. 增加模型的复杂度

C. 提高模型的泛化能力　　D. 加快模型的收敛速度

(6) 在深度学习中，Dropout 正则化的作用是(　　)。

A. 减少模型的复杂度　　B. 增加模型的复杂度

C. 减少过拟合现象　　D. 增加过拟合现象

2. 简答题

(1) 解释什么是卷积神经网络，并说明其在深度学习中的重要性和应用领域。

(2) 介绍卷积操作的原理和作用，以及在卷积神经网络中的具体应用。

(3) 详细描述卷积核的作用和特点，以及如何通过卷积核实现特征提取和图像识别。

(4) 什么是池化操作？请说明池化在卷积神经网络中的作用和优势。

第6章 语言智能

语言智能，作为人工智能领域的一颗璀璨明珠，旨在让计算机理解和掌握人类语言，实现自然流畅的交流。现在的语言智能技术模拟了人类学习语言的过程，通过大量的数据训练，使计算机能够“听懂”我们的语言，理解我们的文字，甚至“思考”我们的意图。在日常生活中，我们与智能语音助手对话、使用智能翻译软件、享受智能客服服务，这些都离不开语言智能的默默付出。语言智能正逐步改变我们的沟通方式，为我们的生活带来前所未有的便利。本章将探讨语音识别和自然语言处理的基本原理、常见应用以及相关的算法和技术。

6.1 自然语言处理

从人工智能研究的一开始，自然语言处理(Natural Language Processing，NLP)就是这一学科的重要研究内容，也是探索人类理解自然语言这一智能行为的基本方法。在最近二三十年中，随着计算机技术，特别是深度学习技术的迅速发展和普及，自然语言处理研究得到了前所未有的重视并取得了长足的进展，已逐渐发展成为一门相对独立的学科。

自然语言处理是指利用人类交流所使用的自然语言与机器进行交互通信的技术，相关研究始于对机器翻译的探索。自然语言处理是以语言为对象，利用计算机技术分析、理解和处理自然语言，把计算机作为工具，对语言信息进行定量化研究，并提供人与计算机共用的语言描写。该技术涉及语音、语法、语义、语用等多维度的操作，基本任务是基于本体词典、词频统计、上下文语义分析等方式对处理的语料进行分词，形成富含语义的词项单元。自然语言处理包括自然语言理解(Natural Language Understanding，NLU)和自然语言生成(Natural Language Generation，NLG)两部分。

6.1.1 自然语言处理的层次

自然语言处理的层次如图6-1所示。

1. 语音、图像与文本处理

在自然语言处理中，主要涉及的三种输入数据类型为语音、图像和文本。尽管语音和图像近年来受到越来越多的关注，但受限于存储和传输的效率，文本信息量依然占据主导地位。通常，这两种非文本输入经过相应的转换(语音转为文本的语音识别，图像转为文字

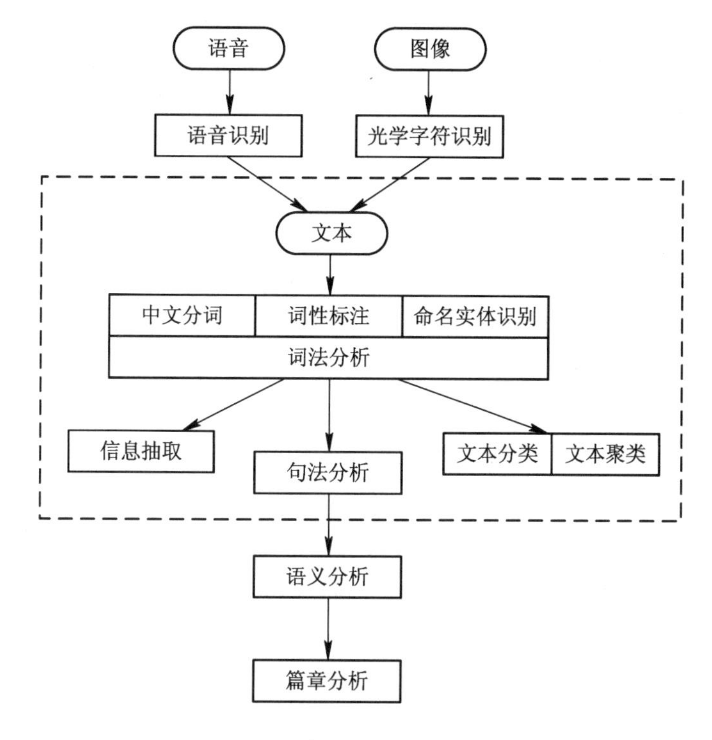

图 6-1 自然语言处理的层次

的光学字符识别)后，最终会以文本形式供 NLP 系统处理，因此文本处理成为自然语言处理的核心。

2. 中文分词、词性标注和命名实体识别

这三种任务均以词语为分析核心，因此被归为一类，即词法分析。词法分析的核心职责包括将文本划分为词汇单元(涉及中文文本的分词处理)，标注每个词汇的类别以及解决初步的歧义问题(词性标注)，以及识别文本中的长串专有名词(命名实体识别)。对于中文文本处理，词法分析通常是更复杂任务开展的基础。在一个流程化的处理系统中，词法分析的准确性直接影响到后续步骤的执行。幸运的是，中文词法分析技术已经相对成熟，并广泛应用于工业实践中。

3. 信息抽取

在经历了词法分析阶段之后，文本开始呈现出一定程度的结构化。至少，计算机现在处理的是一个由单词组成的有意义列表，每个单词都附带了其词性和其他相关标签。基于这些单词和标签，可以提取出各种有价值的信息，从常见的高频词汇到通过高级算法识别的关键词，从公司名称到专业术语。在词语层面，已经可以获取大量的信息。此外，通过分析词语间的统计关系，我们还能提取出关键短语甚至整个句子，这对于提高文本的颗粒度和用户友好性至关重要。

4. 文本分类与文本聚类

在文本被拆分成词语之后，我们还可以在文章级别上进行一系列分析。例如，我们可能需要判断一段文字的整体情感是正面还是负面，或者评估一封邮件是否为垃圾邮件，又

或者对众多文档进行分类整理，这些任务统称为文本分类。而在某些情况下，我们可能仅仅希望将相似的文本聚集在一起，或者识别并去除重复的文本，而不需要知道具体的类别标签，这种任务被称为文本聚类。

5. 句法分析

词法分析虽然能够识别文本中的词汇和它们的基本属性(如词性和词义)，但它并不揭示词汇之间的关系，如句子中的主谓宾结构。在自然语言处理的应用中，如问答系统，理解句子中的深层结构至关重要。比如“我想了解张经理负责的市场部项目。”这句话，用户想要了解的信息并不是“张经理”或“市场部”，而是“项目”。句法分析可以帮助我们识别出“负责”是动词，“市场部项目”是宾语，而“张经理”是宾语的一部分，用来修饰宾语。因此，通过句法分析，我们可以确定用户真正想要查询的是“项目”，而不是“张经理”或“市场部”。这样的分析有助于我们更好地理解用户的意图，并为其提供所需的信息。

6. 语义分析

语义分析是自然语言处理(NLP)中的一个高级课题，它涉及对句子中词语含义的理解，以及词语之间关系的分析。相比于句法分析，语义分析更加关注理解词语在特定上下文中的意义，而不仅仅是它们的语法角色。

以下是一些语义分析中的重要的概念和任务：

(1) 词义消歧。词义消歧是语义分析中的一个基本任务，它涉及确定一个词语在特定上下文中的确切含义。例如，“bank”这个单词可以指代银行，也可以指河流的岸边，因此需要根据上下文来确定它的具体含义。

(2) 语义角色标注。语义角色标注涉及识别句子中的谓语及其相关的论元，并标注它们在语义上的角色。例如，在句子“John convinced Mary to dance”中，“convinced”是谓语，而“John”是动作的执行者，“Mary”是动作的接受者，“to dance”是动作的目标。

(3) 语义依存分析。语义依存分析是分析句子中词语之间的语义关系，而不仅仅是语法关系。它试图揭示句子中词语之间的深层依赖关系，例如因果、目的、条件等关系。

7. 篇章分析

篇章分析(Discourse Analysis)涉及对自然语言文本的整体理解和解释，而不仅仅是对单个句子或词汇的分析。篇章分析关注的是文本中的连贯性、上下文关系、主题发展和语义结构。

篇章分析涉及以下几个关键方面。

(1) 连贯性和一致性。连贯性和一致性涉及文本各部分之间的逻辑和语义联系，以及整个文本是否围绕一个中心主题展开。

(2) 语境理解。篇章分析需要考虑文本的上下文，包括文化、时间和地点背景，以及作者和读者之间的意图和假设。

(3) 语义角色。分析文本中的角色和关系，如论证者、论点、证据等。

(4) 情感分析。理解文本中的情感倾向和态度，包括作者对主题的情感反应和情绪表达。

(5) 修辞分析。识别文本中的修辞手法，如比喻、排比、对比等，以及它们如何影响意义的传达。

(6) 结构分析：分析文本的结构特征，如段落、句子的组织方式。

篇章分析的方法和技术可以应用于多种 NLP 任务，包括自动摘要、问答系统、文档分类、信息检索等。它对于提高机器理解自然语言的能力至关重要，因为篇章级别的信息往往包含了对整个文本意义的深入理解。

6.1.2 自然语言处理的发展

1. 自然语言处理发展历程

自然语言处理经历了长时间的发展，可以分为如下的四个阶段。

1) 自然语言处理的起步阶段(20 世纪 50 年代)

自然语言处理起步于 20 世纪 50 年代，当时的计算机科学家开始考虑如何利用计算机来模拟人类的语言能力。在这个阶段，Alan Turing 提出了“图灵测试”，使用计算机模拟人类的对话，检查计算机是否能够表现出与人类相似的对话能力。1954 年，Georgetown-IBM 实验展示了第一个能够将 60 多个俄语句子翻译成英语的机器翻译系统。

2) 规则系统的发展(20 世纪 60 年代—70 年代)

在 20 世纪 60 年代—70 年代，研究人员开始研究使用规则系统来处理自然语言。这种方法基于手动编写规则，使用形式化语法来解析和分析自然语言句子。Roger Schank 的“Conceptual Dependency”(概念从属理论)和 Terry Winograd 的“SHRDLU”等系统代表了这个阶段的研究成果。

3) 统计模型的崛起(20 世纪 80 年代—90 年代)

20 世纪 80 年代—90 年代，随着计算机性能的提高和机器学习技术的发展，研究人员开始将统计模型应用于自然语言处理。这种方法利用机器学习算法对大量文本数据进行训练，使计算机可以自动识别语言中的模式和关系。在此期间，Brown Clustering(布朗聚类)、Hidden Markov Model(隐马尔可夫模型)、Conditional Random Field(条件随机场)等是代表性的统计模型。

4) 深度学习技术的兴起(2000 年至今)

自 2000 年以来，深度学习技术的兴起对自然语言处理产生了重大影响。借助多层神经网络提取更高层次的语义特征，自然语言处理的准确率得到了显著提高。在此期间，Word2Vec、LSTM、BERT、GPT 等深度学习模型成为该领域的代表性典型。

2. 我国自然语言处理发展现状

自 20 世纪 90 年代起，中国自然语言处理(NLP)领域经历了显著的发展，研究成果丰硕，技术应用广泛。在这一时期，中国的研究者和工程师们在自然语言处理技术上取得了显著的创新，众多系统也开始了大规模的商品化。

目前，自然语言处理的研究主要分为基础性研究和应用性研究两大类，其中语音和文本处理是研究的两大重点。基础性研究主要涉及语言学、数学和计算机科学等学科，重点技术包括歧义消除、语法形式化等。而应用性研究则主要集中在信息检索、文本分类、机器翻译等领域，这些研究在实际应用中取得了显著的成效。值得一提的是，中国在机器翻译这一研究领域有着较早的起步，并且一直将其作为理论研究的重要基础。因此，语法、句法、语义分析等基础性研究一直是研究的焦点。随着互联网技术的发展，智能检索等研究领域也得到了越来越多的关注。在研究周期方面，除语言资源库建设外，自然语言处理技术的开发周期通常较短，大约为1—3年。然而，语言资源库的建设和搭建周期较长，一般在10年左右。例如，北京大学计算语言完成的《现代汉语语法信息词典》以及“人民日报”的标注语料库，都经历了约10年的时间才最终研制成功。

自然语言处理的快速发展离不开国家的支持。国家提供了各种扶持政策和资金资助，包括国家自然科学基金、社会科学基金、863项目、973项目等。其中，国家自然科学基金在基础理论研究方面的投入较大，对中文的词汇、句子、篇章分析方面的研究都给予了资助，同时在技术方面也给予了大力支持，例如机器翻译、信息检索、自动文摘等。除国家的资金资助外，一些企业也开始进行资助，但企业资助的项目通常集中在应用领域，具有强的针对性，开发周期较短，更容易推向市场，实现理论成果向产品的转化。

总体而言，中国在自然语言处理领域的研究已经取得了显著的成就，并且在政策支持、技术创新和应用推广等方面表现出了强大的发展潜力。随着技术的不断进步和市场需求的不断扩大，中国自然语言处理研究将继续保持快速发展态势。

6.1.3 自然语言处理的技术范畴

自然语言处理(NLP)的应用广泛，尤其在人机对话、自动化客户服务和文档内容结构化等方面有着显著的商业价值。除此之外，NLP技术还拓展到了文本创作和机器人创作诗歌等领域，这些都属于自然语言处理的范畴。本节介绍分词、词性标注、句法分析、文本分类等多个方面。

1. 分词

分词是自然语言处理领域的基础性工作，它的准确性直接影响后续的词性标注、句法分析、词向量生成和文本分析等步骤的质量。在英文中，由于单词之间通常由空格隔开，分词通常不是问题。然而，中文文本缺乏明显的分隔符，这就要求读者在阅读时自行进行分词和断句。因此，在进行中文NLP处理之前，必须先进行分词。中文词汇组合复杂，分词过程很容易产生多种理解，这使得中文分词成为NLP研究的一个关键挑战，同时也是一项难题。中文分词的主要难点包括：缺乏统一的分词标准、歧义词的准确切分以及未登录词的有效识别。分词标准的不明确性如“花草”可以被视作一个词，也可以被分成“花”和“草”两个词。中文中的歧义词很常见，这意味着一个词可以有多种不同的切分方式，如“乒乓球拍卖完了”可以被切成“乒乓球/拍卖/完了”或“乒乓球拍/卖/完了”，难以判断哪种切分是正确的，即使是人工切分也往往需要依赖上下文。未登录词也称为新词，包括两种情况：一种是词库中未收录的词，另一种是在训练语料中未曾出现的词，例如“超女”和“给力”等。

2. 词性标注

词性标注是对文本中每个单词进行词性分类的过程，包括给词标注动词、名词等语法属性。这个词性分类的任务实际上是一个序列分类问题，因此它最初采用了隐马尔可夫模型(HMM)进行处理。随后，最大熵模型、条件随机场(CRF)和支持向量机(SVM)等方法

也相继被应用于词性标注。随着深度学习技术的进步，基于深度神经网络的方法开始在词性标注领域占据主导地位，提供了更加精确和高效的标注工具。

3. 句法分析

句法分析是自然语言处理领域的一个基础任务，它涉及对句子的结构进行解析，包括主语、谓语、宾语等核心成分的识别以及词汇之间的依赖关系，如并列、从属等。这项分析为理解句子的深层含义、情感倾向和观点提取等高级 NLP 应用提供了重要的基础。尽管深度学习技术，特别是具有内置句法知识的长短期记忆网络(Long Short Term Memory, LSTM)模型，在 NLP 中取得了显著进展，但在处理结构复杂的长句或标注数据稀缺的情况下，句法分析仍然扮演着关键角色。因此，对句法分析的研究仍然具有重要价值。

句法结构分析旨在确定句子的主要成分，如主语、谓语、宾语、定语和状语，并揭示它们之间的相互关系。通过这种分析，NLP 可以提取句子的核心意义，并理解各个成分之间的功能。语义依存关系分析则专注于识别词汇之间的深层联系，如从属、并列和递进等关系，以获取更复杂的语义信息。例如，即使表达方式不同，句子所传达的意义可以保持一致。这表明语义依存关系在一定程度上不受句法结构的影响。语义依存关系通常涉及介词等非实词的作用，而句法结构分析则更多关注名词、动词、形容词等实词。例如，"张三吃苹果"中，张三与吃之间是施事关系，苹果与吃之间是受事关系。句法分析的这些细致标注有助于深入理解句子的意义构建。

4. 文本分类

文本分类亦称为自动文本分类，是指利用计算机技术将文本数据分配到预设的类别中的过程，这一过程通常涉及分类算法模型。在自然语言处理领域，文本分类是一项基础而核心的任务。根据所需分类的类别数量，文本分类主要分为二分类和多分类两种形式，其中，多分类可以通过多个二分类问题的组合来实现。此外，根据文本可能拥有的标签数量，文本分类还可以分为单标签分类和多标签分类，即一篇文本可能同时属于多个类别。

文本分类的算法模型主要包括基于规则的分类方法、基于机器学习的方法、基于卷积神经网络(CNN)的方法以及基于循环神经网络(RNN)的方法。文本分类技术在多个领域有着广泛的应用场景。例如，在社交媒体平台上，每天都会产生大量的信息内容。如果这些内容全部依靠人工进行分类，不但效率低下，而且准确性也无法保证。通过应用自动化的分类技术，可以有效地解决这些问题，实现文本内容的自动化标注，为构建用户兴趣模型和提取关键特征提供便利。

5. 信息检索

信息检索是指从大规模的信息资源中检索出满足用户需求的内容的过程，这一过程可以通过全文索引或内容分析来实现。在自然语言处理的背景下，信息检索运用了一系列技术，如向量空间模型、主题建模、TF-IDF 权重计算、文本相似性评估和文本聚类等。这些技术在搜索引擎、个性化推荐系统、邮件过滤等多个应用场景中发挥着关键作用。

6. 信息抽取

信息抽取技术涉及从各种非结构化或半结构化文本源中提炼出特定类型的数据，如实体、属性、关联、事件等，并通过对信息进行整合、消除冗余和解决冲突等处理，将原始文本转换成结构化数据。这一过程可以应用于从新闻报道中提取恐怖袭击事件的具体信息，如时间、地点、攻击者、受害者等；或从体育新闻中提取比赛相关信息，如参赛队伍、比赛场地、比分等；还可以从学术论文和医疗文献中抽取有关疾病的信息，如病因、病原体、症状、治疗方法等。提取的信息通常以结构化格式呈现，便于计算机处理，进而实现对大量非结构化数据的分析、组织、管理、运算、检索和推理。这为高级应用如自然语言理解、知识库构建、智能问答系统、舆情分析系统等提供了坚实基础。目前，信息抽取技术已经在舆情监测、网络搜索、智能问答等多个关键领域得到了广泛应用，并且还是中文信息处理和人工智能领域的关键技术之一，具有显著的研究价值。

7. 文本校对

文本校对是自然语言处理领域的一个关键分支，它通过自动化的方式对文本中存在的语法错误、拼写错误和标点错误进行检测和修正。这项技术对于提升文本的质量和效用至关重要。在商业和政府机构，文本校对技术能够协助用户更准确地解读营销材料和政策文件。在学术研究领域，它也能帮助研究人员更清晰地阐述和解读他们的研究成果。文本校对技术依赖自然语言处理算法，这些算法利用人工智能和机器学习的方法来掌握语法和拼写的规则，辨识并修正文本中的错误。此外，这些算法还能够利用上下文信息确定正确的词汇和标点使用。

文本校对技术可以被应用于多种文本形式，如电子邮件、社交媒体帖子、博客文章、新闻稿和学术论文等。它的应用能够增强文本的准确性、可读性，以及提升文本的专业度和可信度。

8. 问答系统

问答系统在提供回答之前，首先必须准确地解析用户以自然语言提出的查询，这涉及分词、实体识别、句法分析、语义分析等自然语言理解的技术。随后，根据问题的类型(如事实查询、交互式提问等)，系统采取不同的响应策略。例如，对于事实查询，系统可以从知识库或数据库中检索并匹配最佳答案。此外，问答系统还涉及处理对话上下文、逻辑推理、知识工程和自然语言生成等多个关键环节。问答系统因此成为衡量自然语言处理智能水平的一个重要指标。

9. 机器翻译

机器翻译是自然语言处理领域的一项关键技术，其核心功能是将一种语言的文本转换成另一种语言。作为自然语言处理的一个关键应用，机器翻译极大地便利了跨语言沟通、文献翻译以及信息检索等工作。传统的基于规则的机器翻译方法依赖人工编写的翻译规则，而基于统计的方法则能够自动从大量数据中学习翻译规则。近年来，端到端的神经网络机器翻译技术变得更加流行，它通过编码器和解码器网络自动学习两种语言之间的映射关系，无须人工制定翻译规则。

10. 自动摘要

自动摘要是一种通过计算机技术实现的文本压缩功能，旨在将长篇文本或文本集合自动缩减为简洁的摘要。目前，自动摘要主要分为抽取式和生成式两种方法。抽取式摘要通过评估句子或段落的权重，筛选出关键信息并组成摘要。生成式摘要则借助自然语言理解技术分析文本内容，并运用句子规划和模板生成新技术来创造句子。尽管传统的自然语言生成技术在适应不同领域时存在局限性，但随着深度学习技术的进步，生成式摘要的应用

正在逐渐增加。目前，基于抽取式的摘要仍然占据主导地位，因其实现简单、摘要句子易读，并且不需要庞大的训练数据集，适用于多个领域。

11. 自然语言生成

自然语言生成是自然语言处理领域的关键分支，它的目标是减少人类与机器间的交流障碍，将非语言数据转换为易于人类理解的文本形式。研究自然语言生成的目的是赋予计算机类似人类的表达和写作能力，使其能够基于关键信息和内部表示，通过一系列规划步骤，自动产生高质量的天然语言文本。自然语言生成的过程涉及内容规划、结构规划、句子构建、词汇选择、指代生成和最终文本生成等环节。

6.1.4 自然语言处理的应用场景

目前，随着对自然语言处理领域的研究越来越深入，自然语言处理在文本和语音方面的应用越来越广泛。在文本方面，基于自然语言理解的智能搜索引擎、智能机器翻译、自动摘要与综合、文本分类与整理、智能作文系统、信息过滤与邮件处理、文学研究与古文研究、语法校对、文本数据挖掘与智能决策以及基于自然语言的计算机程序设计等应用领域都可以看到自然语言处理技术的身影。在语音方面，自然语言处理涉及的应用场景包括机器同声传译、智能远程教学与答疑、语音控制、智能客户服务、机器聊天与智能助手、智能交通信息服务(ATIS)、智能解说和体育新闻实时解说、语音挖掘和多媒体挖掘、多媒体信息提取和文本转化以及对残疾人的智能帮助系统等。本节以搜索引擎、机器翻译、推荐系统和聊天机器人四款应用为例进行介绍。

1. 搜索引擎

自然语言处理技术在搜索引擎中扮演了非常重要的角色。传统的搜索引擎对用户输入的查询关键词进行简单的匹配，但这种匹配方式可能会忽略一些信息，导致搜索结果的准确性和质量不够高。因此，为了提升搜索结果的准确性和智能化程度，使用自然语言处理技术是必要的。第一，在搜索引擎中，自然语言处理最基础的应用就是对用户输入的搜索关键词进行分词、去除停用词等预处理操作。这样可以使搜索引擎更加准确地理解用户的查询意图，避免出现无用信息或冗余信息的干扰。例如，当用户输入“北京大学教授介绍”时，自然语言处理系统会将其分成三个部分：“北京大学”“教授”和“介绍”，然后将这些关键词进行过滤和识别，从而找到与之相关联的内容，返回用户最有可能查找的信息。第二，自然语言处理技术还可以协助搜索引擎完成文本运算。比如，在一些情况下，用户会输入复杂的查询条件，如“天安门广场到中国国家图书馆的距离”。通过自然语言处理技术，搜索引擎可以将这个查询条件转换成对应的逻辑或者数值关系，“天安门广场”和“中国国家图书馆”的距离就是查询结果。这种文本运算既可以减少用户的查询负担，又可以提高查询的准确度。第三，在搜索引擎中，智能问答是自然语言处理的重要应用。智能问答是一个范围广泛的概念，旨在通过自然语言完成任务(例如回答问题、发布公告等)。这一技术需要基于预先编写的规则和语义模型对自然语言进行分析和理解。这种技术的优点在于使得搜索引擎更加人性化，为用户提供更加直接的答案和意见，而不用用户翻遍海量文献。最后，自然语言处理还可以帮助搜索引擎开发具有多种语种支持的特殊功能。使用多语言技术，可让搜索引擎更好地支持全球不同地区的用户需求。例如，为了满足语言在专业领域的学术信息需求，如计算机科学、物理学等目前技术已经实现了针对不同语种的搜索和自然语言处理。

2. 机器翻译

随着全球化的趋势，机器翻译已经成为日益流行的研究领域和商业应用，它可以帮助人们突破语言障碍，更好地理解和沟通。然而，目前的机器翻译技术面临许多挑战和瓶颈，如语义理解、语言风格转换、多语种合并等。因此，在机器翻译领域，自然语言处理技术的应用显得尤为必要。

(1) 在机器翻译中，自然语言处理的第一步是对源语言进行词汇分析、句法分析、语义分析等操作，以便更好地理解输入文本的内容。在词汇分析方面，机器翻译系统使用专业的分词算法将源文本按照语法规则划分成单词粒度上的词语序列，从而为后续处理提供支持；在句法分析方面，机器翻译系统则可以更好地理解人类的语言，例如定语修饰、主谓宾等，并将其转化为计算机能够处理的结构化数据；在语义分析方面，机器翻译系统会把文本中的单个词语映射为相关的语义概念，这可以让机器更好地分析和理解上下文语境，从而更好地理解源语言并进行翻译。

(2) 在自然语言处理技术方面，机器翻译还需要考虑文本翻译时可能存在的多种解释方法。例如，同一个单词在不同的上下文中有不同的含义，或者一些词汇表达因地域、行业等原因而有差异。因此，在翻译过程中，机器翻译系统需要理解多种可能的翻译方式，并选择最合适的翻译结果。这就需要运用自然语言处理技术对文本进行深度分析和处理，以便捕获细微的、仅人类能够理解的含义。

(3) 在机器翻译中，还需要完成语言风格转换。每个国家和每个人的语言都具有特定的语言文化和风格，所以译文的语言风格应该适应源语言的风格。比如，在一份商务合约中，使用规范、正式的语言来传达信息非常重要；而在一份文学翻译件中，则需要处理句子和保证段落的流畅性，避免严谨风格给读者带来疲劳感。自然语言处理技术可以通过神经网络模型、情感分析模型等算法对原文风格进行判断，并以此为基础帮助机器产生风格合适的翻译结果。

3. 推荐系统

推荐系统是一种重要的人工智能应用形式，它能够为用户提供个性化的推荐服务，从而满足用户的多样性需求。在推荐系统中，自然语言处理技术已经成为不可或缺的组成部分之一。自然语言处理技术可以实现对文本数据的理解和处理，从而帮助推荐系统更好地理解用户的需求、喜好，提高推荐的质量和效果。在推荐系统中，自然语言处理技术主要有以下几个应用。

(1) 用户兴趣建模。推荐系统需要通过收集和分析用户的行为数据、社交媒体数据等来源来了解用户的兴趣爱好，然后将这些信息与商品有关的文本特征结合起来，生成针对个人的推荐结果。自然语言处理技术实现对用户历史记录和其他海量文本数据的分析，使用各种语义分析的技术(如情感分析、主题建模、意图识别等)来抓取特定类型的文章并挖掘其背后所代表的用户偏好和可能的相关因素。根据用户的行为数据、社交媒体数据和自然语言处理结果，可以实现用户兴趣建模，并作为推荐结果的基础。

（2）商品特征提取和表示。推荐系统需要对商品进行分析，了解其属性、类别、特点等文本信息。自然语言处理技术可以通过分词、命名实体识别、句法分析等技术来实现对商品特征的提取和表示，比如从商品标题、商品描述、用户评价、海报等文本数据中自动抽取关键词、主题、情感等信息，并使用这些信息进行商品的分类、相似度计算以及其他相关的推荐过程操作。

（3）推荐结果生成。推荐系统需要根据用户的兴趣建模、商品的特征提取和表示等信息，产生推荐结果。在这个过程中，自然语言处理技术可以帮助生成基于文本的推荐，如向用户显示更多相似或相关的消费品种、兴趣团体、内容资源等等。此外，将自然语言生成集成到推荐系统中并与已有技术融合，也能够更好地呈现推荐结果、提高精确度和多样性。

4. 聊天机器人

聊天机器人常被用于处理用户的疑问、建议等，它已成为很多网站、社交媒体平台、APP等的重要服务方式。但单纯的回答已经不能满足人们的需求，因此自然语言处理技术的应用在聊天机器人中非常重要。通过自然语言处理技术，聊天机器人可以更好地理解、分析和生成自然语言，增强了其对话交互效果，提高了用户体验。自然语言处理技术在聊天机器人中主要有以下几个应用。

（1）语言理解。语言理解是指聊天机器人解析用户的输入或对话，将其转化为机器能理解和识别的语义模型或数据，包括词法分析、句法分析和语义分析等。其中，词法分析负责将输入文本切分成动态存储链表，进行词性标注、词形还原；句法分析则用来分析句子结构，确定词组或修饰单词之间的关系以及宾语、谓词、主语等；语义分析则有助于机器判断句子是否是正常表达、整句单词意思是否组合合理、词汇中隐含的符号含义等。

（2）对话管理。聊天机器人能够有效地分析用户的需求和目的，根据不同的情况制定相应的对话策略。较典型的应用场景是基于上下文信息的对话生成，即通过记忆用户之前的输入，来预测并帮助用户完成后续的输入。对话管理包括意图识别、实体识别和对话框架等。其中，意图识别主要用于识别用户的输入或对话的意图，确定用户所需的服务模块类型；实体识别则用于从用户的输入或对话中提取重要信息，如产品名、时间、地点等；对话框架则定义了聊天机器人的交互模式和流程，以及应对用户不同意图的方案。

（3）自然语言生成。聊天机器人需要能够与用户进行自然语言交互，包括信息查询、对用户问题推荐解决方案等在内的正确响应。其中的关键是自然语言生成技术，这已成为许多业务应用场景的重要组成部分。自然语言生成技术是指使用NLP技术将机器输出转换成自然语言形式，使其更具可读性和可理解性。它涉及句法分析、语义表示、上下文解释和语言生成模型等技术。

6.1.5 自然语言处理的展望

自然语言处理(NLP)是人工智能领域的一个重要分支，它致力于使计算机能够理解和处理人类语言。随着技术的不断进步，NLP在未来有望实现发展与突破，包括更高效的算法和模型，更好的理解能力，更准确的语义理解，更强的上下文感知能力、多语言处理能力、个性化和适应性、可解释性和透明度、伦理和隐私保护、协作和互动以及集成和互操作性等方面。

(1) NLP的算法和模型将变得更加高效。随着计算能力的提升和算法的优化，未来的NLP系统将能够更快地处理大量数据。这将使NLP技术在实时应用场景中更具竞争力，例如实时翻译、实时语音识别和实时情感分析等。

(2) 未来的NLP系统将具备更好的理解能力。当前的NLP系统在处理复杂的人类语言时仍存在一定的局限性，例如俚语、双关语、隐喻等。但随着研究的深入，未来的NLP系统能够更好地理解这些复杂语言表达，从而提高整体的准确性和可靠性。

(3) NLP的语义理解能力也将得到显著提升。语义理解是NLP的核心任务之一，它涉及对句子、段落乃至整个文本的含义、逻辑和情感的理解。未来的NLP系统能够更准确地捕捉和处理句子的深层含义，从而在诸如文本摘要、问答系统、信息检索等领域发挥更大的作用。

(4) 未来的NLP系统还将具备更强的上下文感知能力。在处理对话和交互式应用时，上下文信息起着至关重要的作用。未来的NLP系统能够更好地处理上下文信息，理解对话的流程和意图，提高交互的自然性和准确性。

(5) 随着全球化的发展，多语言处理能力将成为NLP的重要发展方向。未来的NLP系统将能够支持更多的语言，并且能够在多种语言之间进行流畅的翻译和理解。这将极大地促进跨语言交流和国际合作。

(6) 个性化和适应性是NLP未来的另一个重要方向。未来的NLP系统能够更好地适应不同用户的需求和偏好，提供更加个性化的服务和体验。例如，智能助手和推荐系统将根据用户的语言习惯、兴趣和行为模式进行定制化的交互和内容推荐。

(7) 可解释性和透明度是NLP发展的重要方面。为了增加用户信任，未来的NLP系统将更加注重可解释性，让用户能够理解系统的决策过程。这有助于消除用户对NLP技术的疑虑，促进其在敏感领域的应用。

(8) 伦理和隐私保护在NLP未来的发展中占据重要地位。随着NLP技术在敏感领域的应用增加，如何保护用户隐私和确保伦理使用将成为研究的重要方向。未来的NLP系统需要遵循严格的伦理准则和隐私保护规定，以确保用户的信息安全和权益。

(9) 协作和互动是NLP未来的另一个重要趋势。未来的NLP系统不仅仅是被动地处理和响应语言，而是能够主动地参与对话，与人类进行更加自然的协作和互动。这有助于提高人机交互的自然性和效率，实现更加智能和便捷的协作。

(10) 集成和互操作性是NLP未来的关键发展方向。NLP技术将与其他技术(如机器学习、人工智能、物联网等)更加紧密地集成，实现不同系统之间的无缝对接和相互操作。这有助于构建更加智能和互联的社会，推动各行各业的创新和发展。

总之，自然语言处理的未来发展将集中在提高系统的智能、效率和可用性上，同时确保技术的可解释性、隐私保护和伦理使用。随着技术的不断进步，NLP将在各个领域发挥更大的作用，为人类社会带来更多的便利和进步。在未来，NLP不仅仅是计算机科学的一个研究领域，而是成为人们日常生活和社会应用中不可或缺的一部分。

6.2 语音识别

语音识别是一种使用计算机对人类语音信号进行自动转换的技术。它通过无线电、麦克风、电话等设备中接收声波信号，将其转换成文本或命令等形式的识别结果。随着智能家居和智能手机等设备的普及，语音识别逐渐成为一种重要的人机交互方式，极大地方便了人们的生活和工作。利用语音识别技术可以实现语音输入、语音搜索、语音控制等，技术的不断进步也将进一步提高其准确度和效率。

6.2.1 语音识别的发展历程

语音识别技术可以追溯到20世纪50年代。但是由于当时的计算机技术和语音处理理论的限制，该技术并没有得到广泛应用。随着计算机性能的不断提高、数字信号处理技术的突破和深度学习算法的发展，语音识别技术开始进入快速发展阶段。其发展共分为四个阶段。

1. 20世纪50年代—70年代

1952年，贝尔实验室研制了第一款可以识别单词的语音识别系统——Audrey。该系统使用6个数字式编码器将人的语音信号转换成数字信号，仅能够识别128个单词。随后，IBM在1962年发明了第一台可以用语音进行简单数字计算的机器——Shoebox，能够识别16个单词及1～9的数字。此外，在20世纪70年代，美国政府也投入大量资源研究自然语音识别技术。

2. 20世纪80年代

20世纪80年代是语音识别技术发展的重要时期，该时期产生了一些最具代表性的产品，如Dragon Dictate(一个可应用于Macintosh计算机的语音识别程序)。它使用了声学和语言模型来提高识别率，并开展了以松弛法为特征的大量多样化研究，包括从不同背景噪音和被口吃影响的男性、女性和儿童的版本。

3. 20世纪90年代

20世纪90年代，语音识别技术发展迅速。语音识别技术数量级上的转变带来了硬件成本下降，使存储设备便宜且可用，数字信号处理器变得更加实用。此时应用场景开始转移到商业领域，如电话自动接线、语音邮件等。同时贝尔实验室也开发了一种名为Sphinx的语音识别软件，开放源代码和数据集，促进了开放和合作式的语音识别技术发展。

4. 21世纪初

21世纪初，随着计算机硬件的不断发展，存储容量和带宽的不断增加，语音识别技术的准确度和效率不断提高。同时，自然语言处理技术的发展也使语音识别技术的准确性得以提高。2001年，IBM的深蓝超级计算机击败了国际跳棋冠军卡斯帕罗夫，这一事件引发了人类重新认识人工智能的大潮。此后，人们逐渐关注深度学习领域，通过大量的数据和强大的处理能力，改善语音和自然语言等模拟能力。另外，搜索引擎巨头Google也推出了

Google Voice Search，该应用能够通过语音识别技术为用户提供便捷的搜索体验。

6.2.2 语音识别系统的构成

语音识别系统由特征提取、声学模型、语言模型及解码模块组成。该系统可分为训练和识别两个阶段。训练阶段对语音数据库中的样本进行特征参数提取，为每个词条建立一个识别基本单元的声学模型以及进行文法分析的语言模型；识别阶段将待识别语言信号经过相同的处理获得声学特征，与训练样本特征进行比较，找出最相像的作为识别结果。整个工作流程可以概括如下：从训练语料中提取声学特征用于训练声学模型，并结合从文本库中训练出的语言模型，与字典构成网络空间，从空间中通过搜索算法得到的最优路径，即为识别结果。语音识别系统结构如图 6-2 所示。

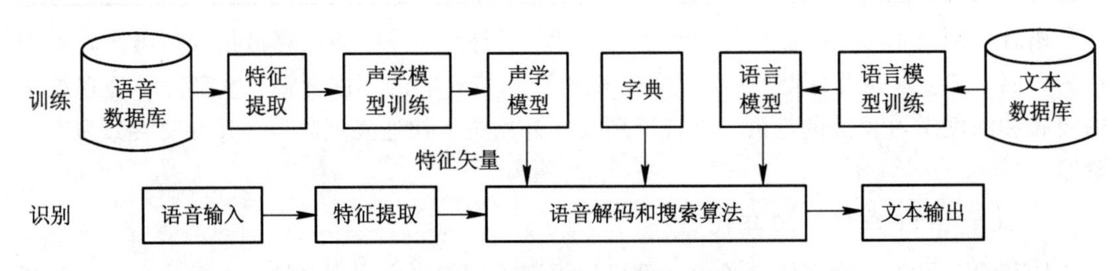

图 6-2 语音识别系统结构图

语音识别系统中的重要操作与概念包括语音数据预处理、特征提取、声学模型、语言模型、字典以及搜索解码。

1. 语音数据预处理

对一段语音信号来说，需要先提取出其中的特征才能对模型进行训练，这段特征要能够反映出语音的信息。在特征提取之前，需要先对语音数据执行预处理的操作，这是为了去掉设备、环境等因素造成的无用信息，尽可能提高语音信号质量。语音数据预处理主要包括三个方面，分别是语音预加重、端点检测和语音分帧加窗。

(1) 语音预加重。由于人类发声器官的构造，声音发出后最后经过的地方是口唇，语音信号的高频部分容易受到口唇辐射影响。预加重的目的主要是解决这一问题，增强高频部分的能量，进而提高语音的分辨率。

(2) 端点检测。端点检测是指在语音信号中将语音和非语音信号时段区分开来，准确地确定出语音信号的起始点。经过端点检测后，后续就可以只对语音信号进行处理，这对提高模型的准确度和识别正确率有重要作用。端点检测的效果如图 6-3 所示。

(3) 语音分帧加窗。在语音信号完成预加重的操作之后，接下来就要对该信号进行分帧操作，而分帧操作就是把语音信号分成一个个短帧。在多数情况下，语音信号整体不稳定，不是单一的平稳信号，它的频率会随着时间的变化而变化。随着时间的增长，其频率的轮廓会慢慢丢失，因此不应对整个语音信号进行傅里叶变换。而语音信号的另一个特征是短时平稳性，这是由人类的发声机理导致的。根据这个特征，只要将语音信号进行分割，分成一个个的短帧，就可以得到信号频率的大致轮廓，方便后续的特征提取处理。在进行分帧时，帧与帧之间要设定一段重合部分，防止相邻的两帧差别过大，保证连续性，这种

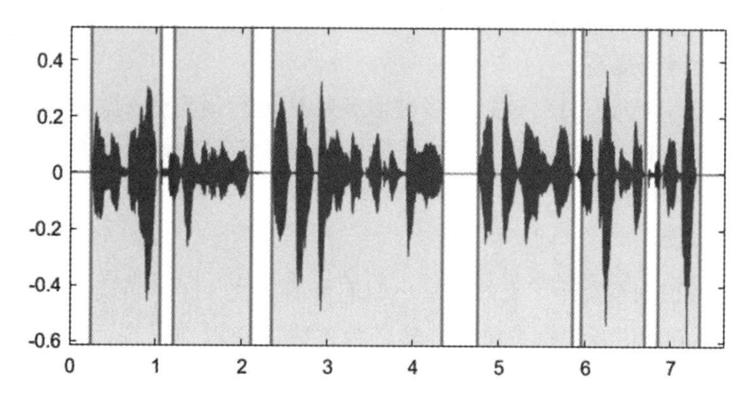

图6-3 语音端点检测

方法称为帧移。一般情况下，一帧语音的长度为20～40 ms，帧移长度不超过帧长度的50%。语音分帧加窗如图6-4所示，其中，N为帧长，M为帧间重叠长度，图中有三个长度相等的短帧，分别是第k帧，第$k+1$帧和第$k+2$帧，每一帧都是由上一帧通过帧移生成的。

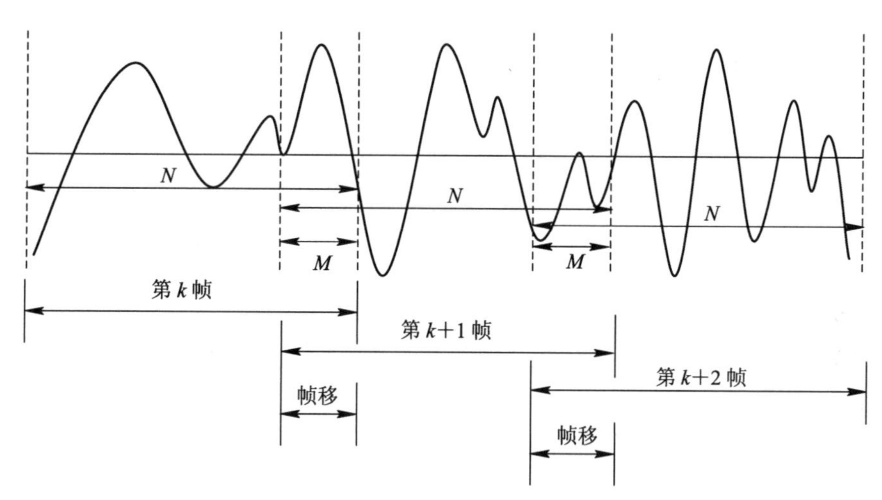

图6-4 语音分帧加窗

分帧的下一步就是对信号进行加窗，分帧后由于存在重合的帧移，因此在每一帧的起始处会出现不连续的状况，加窗就是为了更好地处理语音信号，信号加窗后能够使每一帧信号的边缘平滑地衰减。在特征处理中，可以使用窗函数来进行加窗操作，同时使其不断移动完成分帧。

2. 特征提取

经过上述预处理的语音信号，虽然得到了能代表语音内容的一些特性，但是得到的这些特性不能作为模型的输入使用。为了建立理想状态下的语音识别系统，对语音信号进行更好的特征提取是必不可少的，语音识别系统性能是否优良很大程度取决于信号的声学特征是否完美。不同的人产生的语音数据，由于性别、地域等各种因素的不同，多少都存在着一定的差异。即使是同一人的语音数据，在不同阶段也会因为心理或生理上的不同存在区别。好的语音特征应当能够去除说话人的说话方式和发音习惯的不同，保留下来的特征应能够完整表达出语音的信息。只有得到了好的语音特征，语音识别系统才能变得更泛用，系统性能也会得到提高。

在研究过程中，研究人员尝试过用多种语音特征进行语音识别。随着时间的推移，到目前为止，语音特征主要分成两种，一种是根据人类发音原理设计出的特征参数，另一种是符合人类听觉系统的特征。

3. 声学模型

在之前的语音识别系统中，大部分是小词汇量的系统。这种系统选择基本的建模单元很简单。发展到现在，语音识别系统已经转变为连续语音识别系统，这些系统所需要的词汇数量很庞大，所以基本建模单元(简称基元)选择的条件也变得苛刻。

中文拥有很多的基元，因此中文连续语音识别能够选择的也很多，但是每个基元都有一些缺点，只有在指定的工作环境才能发挥出它们的优势。这些基元包括词、音节、声韵母和音素等。

词是构成一句话的基本单位，在大词汇量的系统里，所能识别的词成千上万，如此庞大的数目需要更大的模型，大大增加系统的复杂度，将其应用在中文连续语音识别中显然是不合适的。中文里音节可以分为有声调的和无声调的，前者有1300多个，后者大概有400个。由于人们说话的特性，发出两个连续的声音时音节可能会发生变化，因此为了提升识别准确率，就要引入上下文相关信息。如果此时把音节用作基本单元的话，音节的数量就会大大增加，使计算变得复杂，模型的可训练性减弱。因此，用音节作为基元也是不合适的。音素是很常用的基本单元，在英语的语音识别中已经被证明拥有不错的识别效果。中文有很多和英语不一样的地方，比如英语有空格，中文没有，这些不同导致音素体现不出来中文独有的东西。声母、韵母是根据中文的语音特点和发音方式得来的，能体现出中文的特点。中文里的字都是由声母和韵母构成的，这是汉字独有的结构。声母、韵母的上下文关系也十分明确，比如只有韵母和静音才能够与声母连接，而且不会和音节一样产生大量的基元。因此，在中文语音识别中使用声韵母作为基本建模单元十分合适。

声学模型的作用是展现语音的特征和语音的基本构成单元之间的联系。声学模型通过计算概率，来判断输入的特征序列和哪些语音基本识别单元相似，随后根据最大似然估计方法得出与输入的特征序列相似度最高，也就是概率最大的状态序列。目前的主流语音识别系统多采用隐马尔可夫模型(HMM)或深度学习相关模型进行声学模型建模。

4. 语言模型

声学模型的作用是将语音转换成文字。但由于同音字的存在，可能组成多个候选的文本序列。比较“这本书给了很多启示。”和“这本书给了很多启事。”这两句话的音素是完全相同的，这时只使用声学模型就有一定概率发生错误。为了更好地解决这一问题，就需要在语音识别系统中添加语言模型。语言模型的任务是解决声学模型无法计算文本序列发生概率的问题，语言模型能根据概率最大的候选序列得出结果。

5. 字典

字典包含了系统能够处理的所有单词及其发音。字词由音素组成，因此可以把字典看作单词和音素的二元组，用于连接声学模型和语言模型。

6. 搜索解码

搜索解码指语音识别过程。在由声学模型、语言模型及字典构成的网络空间中，解码器通过搜索算法寻找与待识别语音信号最为匹配的路径，该路径的输出标签即为识别结果。

6.2.3 语音识别的应用场景

根据识别的对象不同，语音识别任务大体可分为三类，即孤立词识别、连续语音识别和关键词识别(或称关键词检出)。其中，孤立词识别的任务是识别事先已知的孤立的词，如“开机”“关机”等；连续语音识别的任务则是识别任意的连续语音，如一个句子或一段话；关键词识别针对的是连续语音，但它并不识别全部文字，而只是检测已知的若干关键词在何处出现，如在一段话中检测“计算机”和“世界”这两个词。

根据发音人不同，语音识别技术分为特定人语音识别和非特定人语音识别，前者只能识别一个或几个人的语音，而后者则可以识别任何人。显然，非特定人语音识别系统更符合实际需要，但它要比针对特定人的识别困难得多。另外，根据语音设备和通道不同，语音识别技术可以分为桌面(PC)语音识别、电话语音识别和嵌入式设备(手机、PAD 等)语音识别。不同的采集通道会使人发音的声学特性发生改变，因此需要构造各自的识别系统。

语音识别的应用领域非常广泛，常见的应用如下。

1. 智能聊天机器人

智能聊天机器人是基于语音识别技术的一大应用。智能聊天机器人能够识别用户的语言，了解用户的诉求，并按要求以正确的方式回应用户的提问，提供咨询服务。此外，智能聊天机器人还能根据用户的询问提供实时的数据和信息，从而大大提升了用户的交流体验。

2. 语音助手

语音助手由于具有实时交互能力，具有三大特点：方便、实时、便捷。它不但可以帮助用户节省时间，而且能够帮助用户解决各种问题，提供信息支持。最关键的是，它可以实现“语音命令控制”，实现更加简单的操作。

3. 语音输入

语音输入是一个基于语音识别技术的应用。语音输入可以帮助用户快速输入大量数据，大大提升了数据输入的效率，减少了用户输入负担和繁琐程序。此外，语音输入还能帮助用户节省时间，更方便地完成有关的任务。

总的来说，语音识别技术的应用已经成为一个日益受到重视的领域，发展前景非常明朗。智能聊天机器人、语音助手和语音输入的发展，都会改变人们的生活方式和行为模式，提供更加便捷的正能量服务。

6.2.4 语音识别案例

语音识别技术也称自动语音识别，目标是让计算机自动将人类的语音内容转换为相应的文本和将文本转换为语音。

1. 将文本转换为语音

使用名为 pyttsx 的 Python 包，可以将文本转换为语音。

安装 pyttsx 包的命令如下：

```
pip install pyttsx3
```

运行如下代码，可以播放语音。

```
import pyttsx3 as pyttsx
engine = pyttsx.init()
engine.say("人工智能是研究、开发用于模拟、延伸和扩展人的智能的理论、方法、技术及应用系统的一门新的技术科学。")
engine.runAndWait()
```

2. 将文本转换为语音文件

使用 SpeechLib 可以将文本文件内容转换为语音文件。

安装 comtypes 包的命令如下：

```
pip install comtypes
```

建立一个 demo.txt 文本文件，在 demo.txt 文件中输入想生成语音的文字内容，如输入“好好学习，天天向上”。

```
from comtypes.client import CreateObject
engine=CreateObject("SAPI.SpVoice")
stream=CreateObject('SAPI.SpFileStream')
from comtypes.gen import SpeechLib
infile='demo.txt'                #输入文本文件
outfile='demo_audio.wav'         #输出语音文件
stream.Open(outfile, SpeechLib.SSFMCreateForWrite)
engine.AudioOutputStream=stream
f=open(infile, 'r', encoding='utf-8')
theText=f.read()
f.close()
engine.speak(theText)
stream.close()
```

运行之后会输出 demo_audio.wav 语音文件，打开 demo_audio.wav 文件并播放。

3. 将语音转换为文本

使用PocketSphinx包，PocketSphinx是一个用于语音转换文本的开源API。它是一个轻量级的语音识别引擎。

安装所需模块的命令如下：

```
pip install pocketsphinx
pip install SpeechRecognition
```

请登录出版社官网下载普通话识别文件。将下载的文件放置在Anaconda安装路径下的Anaconda路径\Lib\site-packages\speech_recognition\pocketsphinx-data中。

```
import speech_recognition as sr
#D:\Anaconda\envs\py38\Lib\site-packages\speech_recognition\pocketsphinx-data
#创建一个识别器对象
recognizer = sr.Recognizer()
test = sr.AudioFile('./demo_audio.wav')
with test as source:
    audio = recognizer.listen(source)
    try:
        print("识别中...")
        text = recognizer.recognize_sphinx(audio, language='zh-CN')
        print("识别结果:", text)
    except sr.UnknownValueError:
        print("抱歉，无法识别音频内容。")
```

运行结果如图6-5所示。

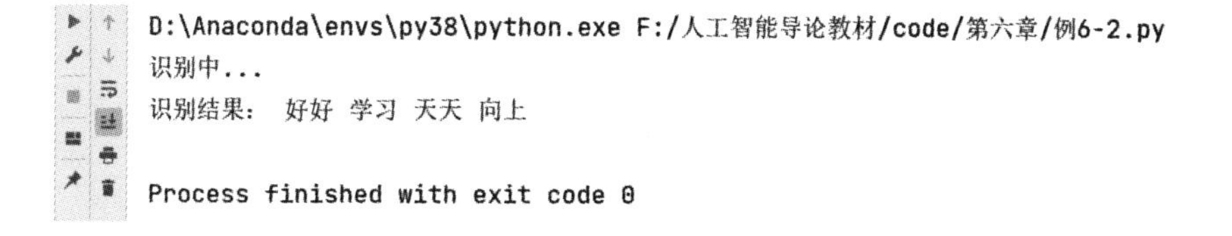

图6-5 代码运行结果

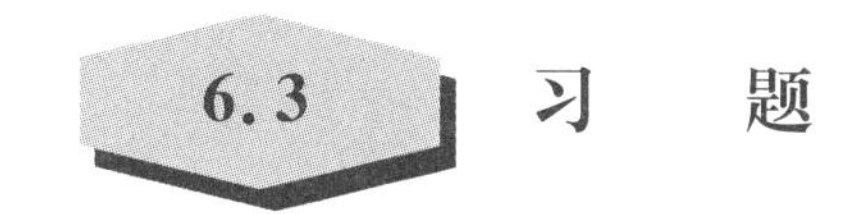

6.3 习 题

1. 选择题

(1) 下列说法错误的是(　　)。

A. 自然语言处理、语言信息处理、计算语言学相互独立，没有交叉

B. 语言智能属于“认知智能”的研究范畴

C. 人类通过视觉、听觉感知承载语言的图像和声音信号，再经过大脑加工和抽象后，才能形成语言信息

D. 语言不是一种感知信号，而是感知信号经大脑处理后的某种抽象表示

(2) 自然语言理解是人工智能的重要应用领域，下面列举中的(　　)不是它要实现的目标。

A. 理解别人讲的话

B. 对自然语言表示的信息进行分析概括或编辑

C. 自动程序设计

D. 机器翻译

(3) 机器翻译属于下列哪个领域的应用？(　　)

A. 自然语言系统

B. 机器学习

C. 专家系统

D. 人类感官模拟

2. 简答题

(1) 列举几个语音识别技术的应用领域。

(2) 概述语音识别技术的流程。

第7章　新一代信息技术

想象一下，你走进了一家全新的智能零售店。在这个店里，每一位顾客都配备了智能购物助手，该助手能够根据你的购物历史、个人喜好以及当天的心情，提供个性化的购物建议。当你走近货架时，商品标签上的小屏幕会显示与你口味相符的产品，并告诉你这些商品的来源、用户评价等信息。

这一切的背后，是新一代信息技术的深刻融合。大数据分析了你的购物记录，物联网使每一件商品都能与智能购物助手实时互通，而人工智能则通过算法不断学习你的购物偏好。这个场景不仅展示了新一代信息技术如何个性化零售体验，也是本章深入探讨的主题之一。

通过这个引人入胜的情景，我们将进入新一代信息技术的奇妙世界，深度挖掘其中的基本概念、技术特点以及在各个领域的广泛应用。本章将介绍大数据、物联网、人工智能等关键技术，以及它们与制造业、生物医药产业、汽车产业等行业的深度融合。

7.1　新一代信息技术的基本概念

新一代信息技术是对传统计算机、集成电路与无线通信的升级，以人工智能、物联网、大数据、云计算等为代表的新兴技术，如图7-1所示。

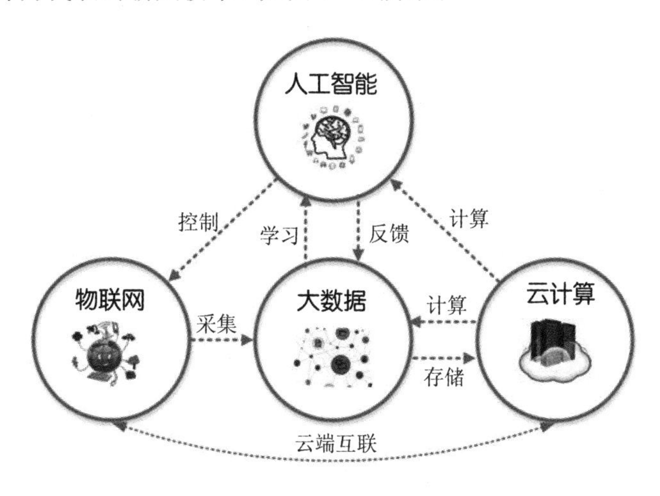

图7-1　新兴技术

在国际新一轮产业竞争的背景下，各国纷纷制定新兴产业发展战略，抢占经济和科技的制高点。我国大力推进战略性新兴产业政策的出台，这也必将推动和扶持我国新兴产业的崛起。其中，新一代信息技术战略的实施对于促进产业机构的优化升级，加速信息化和工业化深度融合的步伐，加快社会整体信息化进程将起到关键性作用。

从20世纪80年代中期到21世纪初，广泛流行的是个人计算机和通过互联网连接的分散的服务器，它们被认为是第一代信息技术平台。近年来，以移动互联网、云计算、大数据为特征的第三代信息技术架构蓬勃发展，催生了新一代信息技术。

7.2 新一代信息技术的技术特点与典型应用

新一代信息技术创新异常活跃，技术融合步伐不断加快，催生出一系列新产品、新应用和新模式，如大数据、物联网、人工智能、工业互联网、高性能集成电路、云计算、区块链及大规模自然语言处理。而新一代信息技术的应用场景也变得多种多样。

1. 大数据

大数据是指规模庞大、类型繁多的数据集合，传统的数据处理方法往往无法胜任。基本原理包括数据的采集、存储、处理和分析。大数据的特点在于“4 V”：数据量(Volume)大、数据种类(Variety)多、数据处理速度(Velocity)快和数据真实性/价值(Velocity)高。

大数据技术涉及分布式存储、并行计算、数据挖掘和机器学习等技术与概念。分布式存储使大规模数据能够被有效地管理，并行计算则提高了数据处理的效率。数据挖掘和机器学习技术能够从海量数据中提取有价值的信息和模式。

大数据技术在各行各业都有广泛的应用，如金融领域的风险管理、医疗领域的疾病预测、零售业的个性化营销等。通过大数据分析，企业能够更好地理解市场趋势、优化业务流程，并做出更明智的决策。

2. 物联网

物联网是通过无线传感器、RFID技术、互联网等手段，将各种物理设备连接到一起，实现设备之间的信息交互的技术。物联网使我们能够实时监测、远程控制各类设备，推动了智能化和自动化的发展。

物联网的技术架构包括感知层、网络层和应用层。感知层通过各种传感器采集环境信息，网络层通过互联网实现设备之间的连接，应用层则通过数据分析和人机交互实现各种应用。

物联网广泛应用于智慧城市、智能家居、工业生产等领域。在智慧城市中，物联网可以优化城市交通管理，提高能源利用效率。而在智能家居中，物联网让家居设备更加智能、便捷。

3. 人工智能

人工智能是模拟和复制人类智能的理论、方法、技术，包括机器学习、深度学习、自然语言处理等多个领域。人工智能的基本原理涉及模型的训练、推理和决策。

机器学习算法是人工智能的核心，包括监督学习、无监督学习和强化学习。深度学习是一种基于神经网络的机器学习方法，在图像识别、语音处理等领域取得了显著成果。

人工智能应用广泛，包括图像识别、语音识别、自然语言处理、推荐系统等。例如，在医疗领域，人工智能可以辅助医生进行影像诊断；在智能交通领域，人工智能可以优化交通流量。

4. 工业互联网

工业互联网是将互联网技术引入传统制造业，通过连接各种设备、传感器和生产工具，实现设备之间的智能协同工作。工业互联网的基本概念包括工业数据的实时采集、设备之间的互联和智能化控制。

工业互联网的技术特点在于实时性、可远程操作、数据分析和智能优化。实时性使生产过程能够及时响应变化，可远程操作则提高了生产的灵活性。数据分析和智能优化通过大数据和人工智能技术，实现生产效率的提升。

工业互联网在制造业的应用场景丰富多样，包括智能制造、预测性维护、供应链优化等。例如，通过工业互联网技术，生产线可以实现自动调整以适应市场需求的变化，提高生产效率和产品质量。

5. 高性能集成电路

高性能集成电路是一种集成度高、性能优越的电子元件。高性能集成电路的基本概念包括微电子技术、集成电路的设计和制造。高性能集成电路是现代电子设备的核心组成部分，决定了设备的性能和功耗。

高性能集成电路的技术特点包括微米制程技术、多核心设计、低功耗和高集成度。微米制程技术决定了集成电路的制造精度，多核心设计提高了计算能力，低功耗则是现代电子设备追求的目标之一。

高性能集成电路广泛应用于计算机、通信设备、医疗设备等各个领域。例如，高性能处理器能够提高计算机的运算速度，高集成度的芯片可以使手机体积更小、性能更强大。

6. 云计算

云计算是一种通过网络提供计算资源、存储服务和应用软件的模式。云计算的基本原理包括虚拟化技术、服务模型(IaaS、PaaS、SaaS)和弹性伸缩。用户无须关心底层硬件，只需通过网络访问云服务。

云计算包括基础设施即服务(IaaS)、平台即服务(PaaS)和软件即服务(SaaS)三个服务模型。IaaS 提供虚拟化的计算资源，PaaS 提供开发和部署应用的平台，SaaS 提供已经部署好的应用。

云计算广泛应用于企业信息化、大数据分析、人工智能等领域。企业可以通过云计算按需获取计算资源，降低了 IT 基础设施的成本。同时，云计算也为大规模数据处理和复杂计算提供了强大的支持。

7. 区块链

区块链是一种去中心化的分布式账本技术，通过密码学和共识算法确保数据的安全和一致性。区块链的基本原理包括区块的链接、去中心化和不可篡改性。每个区块包含前一区块的哈希值，形成链条。

区块链的技术特点包括去中心化、不可篡改性、智能合约和匿名性。去中心化使数据和权力分散在网络的各个节点上，使区块链有更高的安全性和可信度；不可篡改性保证了

数据的安全性；智能合约是一种自动执行的合约；匿名性保护了用户的隐私。

区块链技术广泛应用于金融领域的数字货币、供应链管理、智能合约等方面。例如，通过区块链技术，可以实现跨境支付的实时结算，提高供应链的透明度和可追溯性，同时保护交易双方的隐私。

8. 大规模自然语言处理

大规模自然语言处理(NLP)是指处理和分析大量自然语言文本的技术，旨在让计算机能够理解、解释、生成和与人类语言交互。其基本原理包括语言模型的构建、特征提取、机器学习算法的应用以及深度学习技术的引入。

大规模自然语言处理的技术特点包括语义分析、情感分析、命名实体识别、语音识别和机器翻译等。语义分析通过深入理解文本的含义，情感分析识别文本中的情感倾向，命名实体识别能够找到文本中具体的实体名词，语音识别将口头语言转化为文本，机器翻译则实现不同语言之间的自动翻译。

大规模自然语言处理在各行各业都有广泛的应用，包括智能助手、智能客服、文本分析、语音识别等。例如，智能助手通过语音识别和自然语言处理技术能够理解用户的指令并做出相应的反馈，智能客服通过文本分析和情感分析技术能够更好地处理用户的问题和情感反馈。

尽管大规模自然语言处理取得了显著的进展，但仍面临一些挑战，如语境理解、多语言处理、长文本处理等。未来发展方向包括更深层次的语义理解、跨语言交流的更为精准和智能，以及更加人性化的自然语言交互体验。随着技术的不断进步，大规模自然语言处理将在更多领域发挥重要作用，推动人机交互的进一步革新。

7.3 新一代信息技术与其他产业融合

新一代信息技术不仅仅是一种技术革新，更是推动各行各业转型升级的关键动力。以下详细介绍新一代信息技术与制造业、生物医药产业、汽车产业的深度融合。

1. 新一代信息技术与制造业的融合

新一代信息技术与制造业的融合在于实现智能制造。通过工业互联网技术，生产设备、传感器和生产线可以实时连接和协同工作。制造企业可以通过大数据分析，优化生产过程，提高生产效率和产品质量。

新一代信息技术使制造业能够实现更加灵活的生产，支持定制化生产。通过物联网技术，企业可以实时了解客户需求，调整生产线，实现对产品的个性化定制，满足不同市场和客户的需求。

制造业与新一代信息技术的融合也促进了跨界创新。例如，通过引入人工智能技术，机器在生产过程中能够进行智能化的判断和调整，提高了生产效率；而区块链技术的应用可以实现供应链的透明度和可追溯性。

2. 新一代信息技术与生物医药产业的融合

新一代信息技术为生物医药产业注入了数据驱动的理念。大数据分析可以加速新药研发过程，通过深度学习技术，对医疗数据的挖掘和分析可以为个性化治疗提供更为精准的

方案。

物联网技术在生物医药产业中的应用也带来了远程医疗服务的创新。患者可以通过智能医疗设备进行生理参数的监测，数据通过云计算传输至医疗机构，医生可以实时远程诊断和制订治疗方案。

3. 新一代信息技术与汽车产业的融合

新一代信息技术与汽车产业的融合最为显著地体现在智能驾驶技术上。人工智能、物联网和大数据等技术使汽车能够具备自动驾驶能力，提高交通安全性，减少交通事故。

物联网技术的应用使汽车成为连接世界的终端。车联网服务提供了丰富的信息娱乐、导航等功能。通过云计算技术，车辆的软件系统可以实现远程升级，从而不断提升汽车的智能化水平。

新一代信息技术在汽车生产中的应用也使汽车制造工艺更加智能化。工业互联网技术实现了生产线的智能协同，人工智能技术应用于制造工艺的优化，高性能集成电路的运用提高了汽车电子系统的性能。

通过与新一代信息技术的深度融合，制造业、生物医药产业和汽车产业都迎来了前所未有的发展机遇，推动了产业结构的升级和经济的可持续发展。

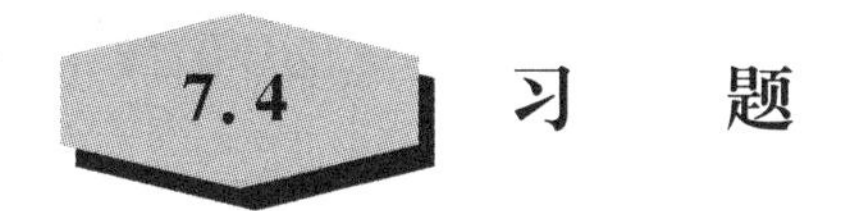

7.4 习　题

1. 选择题

(1) 新一代信息技术中，常用于存储和传输数据的是(　　)技术。

A. 人工智能　　B. 云计算

C. 区块链　　D. 生物识别

(2) 下列(　　)不属于新一代信息技术的特点。

A. 大数据处理　　B. 虚拟现实技术

C. 传统数据库管理　　D. 5G 通信技术

(3) 新一代信息技术中，用于实现分布式、去中心化的数据存储和交换的是(　　)技术。

A. 人工智能　　B. 5G 通信技术

C. 区块链　　D. 物联网技术

2. 简答题

(1) 简要介绍新一代信息技术中的人工智能及其应用领域。

(2) 新一代信息技术中的物联网指什么？简要说明其原理及在现实生活中的应用场景。

参考文献

[1] ZEILER M D, FERGUS R. Visualizing and Understanding Convolutional Networks [J]. Journal of Information Security. 2016, 7(3): 818-833.

[2] CHEN L C, ZHU Y K, PAPANDREOU G, et al. Encoder-Decoder with Atrous Separable Convolution for Semantic Image Segmentation[C]. Computer Vision-ECCV. 2018.

[3] 周志华. 机器学习[M]. 北京：清华大学出版社，2016.

[4] 李伦. 人工智能与大数据伦理[M]. 北京：科学出版社，2018.

[5] 王哲，范振锐，唐宇佳. 2021年中国人工智能产业发展形势展望[J]. 机器人产业，2021(2)：18-27.

[6] 甄先通，黄坚，王亮，等. 自动驾驶汽车环境感知[M]. 北京：清华大学出版社，2020.

[7] 余贵珍，周彬，王阳，等. 自动驾驶系统设计及应用[M]. 北京：清华大学出版社，2019.